우주의 이해

고대와 현대의 우주를 보는 관점

그것은 인식의 확장과

참을 향한 길이다

우주의 이해

정 윤 근 저

전남대학교출판부

| 저자의 글 |

바쁘게 돌아가는 세상이다. 여러 가지 소용돌이치는 세계 그 와중을 살아가는 우리는 한번쯤 우주에 대한 사색을 권하고 싶다. 바로 이 책을 통해서 나는 평생 이 책에 애정을 갖게 될 것이다. 시간이 나면 내용을 조금씩 수정 보완 하면서 더 멋지고 세련된 책으로 만들 것이다. 내 인생의 결정판으로 만들어 갈 것이다. 그러기 위해 나는 값진 일보를 내딛었다고 생각한다.

이론 물리학자로서의 한평생이다. 물리학의 세계를 달려오면서 많은 것을 느끼며 생각하였다고 볼 수 있다. 그러나 세상의 일들은 물리학의 그 세계보다 못한 것 같다. 그만큼 물리학의 세계는 멋지다. 모든 것을 넘어 홀연히 서있다. 자연과 더불어 의연하다. 그것을 표현하고자 하였다. 우주의 비밀을 쉽게 표현해 보고자 하였다. 과학자가 아닌 보통 사람의 사색의 범주 안에 포함 시키고자 한 배려와 노력의 결정이었다.

이런 염원으로 한권의 책을 준비하였다.

이 책을 여러분은 음미하길 바란다. 물론 결함도 있다. 그것은 내가 아직 충분히 검토하지 못함이기도 하지만 원래

과학을 좋아하는 마음이 이와 통해 있다고 본다. 인식을 넓히는 그 과정에서 혹 부족함이 나타날 것이다. 그러니 나는 향후 이런 점들을 발견하고 계속 다듬을 것이다. 한권의 예술품으로 완성하고자 하는 마음으로 이 책에 공을 들일 것이다. 과학을 통해 과학 저술을 통해 한 세계를 진지하게 펼치고자한 이 한권의 책에 격려해 주시기 바란다. 함께 멋진 세상을 구경해 보기 바란다. 그 세계는 우주 태초로부터 우주의 미래까지 망라하였다. 자 함께 여러분과 함께 신나는 여행 함께 떠나자.

끝으로, 본서를 출간함에 있어 물심양면으로 도와주신 임승혁 선배님께 깊은 감사를 드리며, 그림들을 정리해 주신 예성빈 선생님께 고맙게 생각한다. 그리고 내가 영원히 사랑하는 아내 박은정, 나를 지금까지 지켜주신 아버지 정금현님과 어머님 윤종순님, 내가 끝까지 지켜줘야 하고, 세상에서 가장 아름답고 멋있게 보이는 두 아들인 창식, 훈식 또한 나의 가족과 나를 아는 모든 분들, 무한하고 황홀한 우주의 여행을 꿈꾸는 분들과 이 크나큰 기쁨을 영원히 함께 하고 싶다.

여수에서

원자핵물리 이론 정윤근

목차

제3장 __과학발전과 우주론

제4장 __우주팽창과 우주론의 이해

제5장 __우주의 역사

제6장__우주의 이해

제7장__천체물리학

제8장__우주의 나이

제9장__공간의 이해

제10장__블랙홀 우주

제 1 장

고대의 우주론

– 우주의 끝은 어디인가? 우주가 궁금하다

1. 우주! 우주를 향한 사색

우주란 삶의 모든 것 중 가장 신비로운 것이다. 모든 자연 철학의 체계는 우주론의 양상을 띠게 된다. 원시사회나 과학이 아직 발전하지 않은 시절이더라도 우리가 머무르고 있는 현세의 의문은 끊이지 않았다. 대지의 구조라든가, 인간의 사후 세계나 저승의 존재, 하늘은 어떤 것인가. 이런 것들을 설명하기 위하여 끊임없는 노력이 기울여져 왔다. 여러 설명과 시도가 있어왔다. 이와 더불어 하늘에 대한 경외와 신비는 천문이나 우주에 대한 관심이 강하고 이를 체계화 해 왔다. 농경을 주체로 한 문화에서는 대지와 태양이 관심의 주체가 된다. 동양에서는 달을 중심으로 해와 달의 운행에 대한 것들이 발달되어 왔다. 자연히 우주론이 대두되고 우주에 대한 생각이 자리를 잡게 된다. 이것이 지금에 까지 이어져 왔다고 보면 될 것이다.

고대의 우주론은 참으로 흥미롭고 경이 자체이다.

고대 문명은 거의 자체적인 우주관과 우주론을 가지고 있었다. 동양의 경우 반고로부터 비롯되는 천지창조의 우주가 있었고 민족들은 대개 자신의 민족에 해당하는 고유의 우주론을 가지고 있어왔다. 정신적인 지주가 되는 종교를 통해 자신의 고유 우주관을 갖고 있었던 것이다. 이것은 다른 지방의 부족들도 마찬가지였다. 바빌로니아의 중심인 수메르의 전통은 마르두크라는 신을 중심으로 한 신화적 우주생성론을 갖고 있다. 이러한 생각들은 천체관측과 수학적 수법을 개발하여 그리스에 영향을 주었다.

과거 우주론에 중심이 되는 것 중에 뺄 수 없는 것이 천문학이다. 이러한 천문학적 체계는 동양과 서양 공히 상당한 수준으로 발전한다.

대개 서양은 태양계 행성을 중심으로 한 천문학 체계를 발전시켰다. 그러나 동양은 은하계 이외의 별들을 포함하여 더욱 광범위한 천문학 체계를 채택하였다.

하늘의 대궐이라 할 수 있는 자미원에 별들이 회전하면서 사시의 변화를 여기에 대입시켰다. 그리고 그 외측에 있는 곳을 지방이라 하여 지방장관이 순시하도록 한 것이 28수의 별자리이다. 이러한 학문 체계는 놀라우며 지금도 여기에 접근하고 있는 학자들은 거의 없다고 보아야 한다. 참으로 방대한 지식체계이다.

이에 비한다면 자연과학은 정말로 걸음마 상태 최근에 이르러서야 눈부신 그리고 비약적인 발전을 한다.

2. 신화나 종교적 우주론

인간이 그가 사는 세계에 대해 일찍부터 어떤 이미지를 가지고 있었으리라 생각되지만, 그것이 어느 정도 정리된 형태로 표현되기 시작한 것은 기원전 수천 년경 메소포타미아를 비롯한 각지에 출현한 고대 문명 이후이다.

보통 신화의 형태로 표현되는 이들 우주론에서는 먼저 우주의 기원이 주제가 된다. 이러한 신화는 몇 가지 유형으로 분류해 볼 수 있는데, 우주의 발생원인에 따라서 초인간적인 존재에 의한 제작 창조와 자연발생으로 나눌 수 있다. 창조설은 창조신의 성격(단독인가 복수인가 등)에 따라 그 내용이 다르며, 자연발생설에는 우주알이라든가 원인(原人)이나 혼돈으로부터의 성립 이야기 등이 포함된다.

다른 한편에서는 우주는 발생방법 또는 수명에 따라서 창생설과 영원설로 구분해 볼 수 있다. 창생설은 혼돈(원초적 상태)에서 질서의 상태로 전환되는 천지개벽 형과 무에서 유로 창조되는 천지창조 형으로 구분할 수 있다. 중국의 창생신화인 반고신화나 그리스 신화는 천지개벽 형이며, 구약성서의 창세신화는 대표적인 천지창조 형이다. 영원설은 다시 순환설과 불변설로 구분해 볼 수 있고, 순환설은 우주가 주기적으로 생성소멸 하되 하나의 우주는 계속 존재한다는 것이고, 불변설은 하나의 우주가 무한히 불변하다는 것이다.

신화적 우주론에서는 우주의 형태도 중요한 주제를 이루는데, 흔히 볼 수 있는 것은 우주가 어떤 중심축을 갖는다는 표상 및 그 공간적 분화(예를 들면 천계 지상 지하의 구별 등)라는 생각이다. 흔히 공간적 분화에는 신 인간 사자(死者)라는 구별이 대응되는 수가 많다.

3. 고대 서양

그리스의 우주론은 그리스가 서양의 중심사상의 핵으로 등장하기에 참고로 언급한다. 서양 관점으로는 그만큼 중요하다. 뿌리가 되기 때문이다. 그러나 극히 정교하고 치밀한 그리스 우주론은 그리스 신화와 더불어 많은 것을 시사한다. 천체현상의 기술에도 훌륭한 성과를 낳았을 뿐 아니라, 유태교와 그리스도교의 매우 특징적인, 시점과 종점을 명확히 정한 우주적인 시간상과 코스모스로서의 그리스적인 공간 구조론을 융합함으로써 서 유럽적 우주관을 형성하였다.

그리스 이외 지역의 대부분의 문화권에서 나타나는 우주론적 시간은 항상 회귀적이고도 순환적인 구조를 지니기 때문이다.

하지만 우주의 발상에 대해서는 논리적으로 말해서, 불문에 부치거나 초자연적인 무엇인가에 의존하지 않을 수 없었다. 이 같은 사정은 오늘날에도 여전히 남아 있어서 오늘날의 과학적 우주론이라 할지라도 진정한 의미에서의 우주의 발상은 논하기 어렵다는 점은 미리 확인해 둘 필요가 있을 것이다.

4. 천지 기원에 대한 신화

이제 세계 각지에 흩어져 있는 우주의 기원 신화를 몇 가지 살펴보기로 하자.

1) 바빌로니아 신화

바빌로니아 신화에서 천지는 거대한 용의 모양을 한 짠 물의 여신 티아마트의 몸으로써 만들어졌다. 티아마트는 참 물의 신 아프스와 결혼하여 신들의 조상이 되었으나, 나중에 자손들의 난폭함에 화가 나서 그들을 모두 없애버리려 하였으나, 신들의 왕으로 선발된 마르두크와의 싸움에 져서 두 동강이 된 몸의 상반신은 위로 들어 올려져 하늘이 되었고 하반신은 대지가 되었다고 한다. 티아마트의 머리와 유방으로 산이 만들어지고 두 눈으로부터 티그리스강과 유프라테스강이 흘러나오게 되었다.

2) 그리스 신화

그리스 신화에서는 태초에 맨 먼저 발생하게된 것은 혼돈의 늪 카오스이고, 이어서 대지 가이아와 지하의 암흑계인 타르타로스, 그리고 사랑 에로스가 생겨났다. 대지는 천공 우라누스와 결혼하여 티탄이라 불리는 옛 신을 낳았다.

(1) 신화(종교)적 우주론의 특징

신화(종교)적 우주론의 내용은 다양하지만, 몇몇 공통된 특징을 볼 수 있다. 하나는 물리적 자연적 우주와 인간이 반드시 분화해 있는 것이 아니라 융즉(融卽)해 있다는 것이며, 다른 하나는 우주론이 단순히 지적 이론적인 것에 그치지 않고, 동시에 실천적인 기능을 다하고 있다는 것이다. 우주의 기원은 언제나 인간 스스로의 기원과 결부해서 논의된다. 그리고 종교적 우주론은 단순히 세계가 무엇인가를 알리는 것이 아니고, 그 속에 인간(집단)을 개입시킴으로써 생에 질서와 의미를 부여하는 것이다.

(2) 역사적 우주론의 특징

역사적으로 보면, 이와 같은 종교적 우주론이 몰락하고 보다 합리적인 사고에 자리를 내준 사실은 고대 그리스나 인도에서 예증되는 일반적 경향이다. 먼저 철학적 우주론에 대치되고, 그리고 근대 이후는 다시 과학적 우주론에 의하여 대체되었다. 이것은 우주가 인간으로부터 분리되어 대상화됨과 동시에 우주론 속의 지적 이론적인 요소만이 분화 전개된 것이라 할 수 있을 것이다.

이처럼 서양의 우주론은 그리스인들로부터 시작되었다. 당시의 우주관은 아리스토텔레스의 견해가 지배적이었다. 아리스토텔레스는 하늘의 모형은 구형이고 그 중심에 공모양의 지구가 고정되어 있다고 하였다. 천구의라는 것을 생각하여 지구를 한 바퀴씩 돈다고 여겼고 태양과 별들은 이 천구의 속에 박혀 있어서 천구의와 함께 움직인다고 생각하였다. 그러나 아리스토텔레스의 우주론에는 가끔씩 경로를 바꾸는 것처럼 보이는 행성이 있다는 예외가 있었다. 하지만 프톨레마이우스의 수정으로 이후 아리스토텔레스의 우주관은 기독교 신학에 수용되어 조화를 이루며 르네상스시대까지 대표적인 우주관으로 군림하게 된다.

역사상 여러 경우에서 이렇게 종교라는 신성성을 띄고 억압을 정당화하는 경우는 어렵지 않게 찾아볼 수 있다. 비단 종교뿐만 아니라, 다수가 신봉하는 패러다임과 맞지 않는다고 해서 억압되고 묵살되는 경우도 많다. 그런 면에서 생각해보면 진리라는 것은 다수와 소수의 힘의 차이가 전혀 개입되지 않는 것 같다.

제2장 우주에 대한 인식변화

1. 천동설(Heliocentric theory)

옛날 사람들은 우주의 중심에 지구가 있고, 모든 천체가 지구를 중심으로 회전하고 있다고 믿었다. 즉 별이 빽빽이 박혀있는 거대한 '천구'가 지구를 돌고 있다고 생각했다. 태양과 달을 비롯하여 모든 별들은 동쪽에서 떠서 서쪽으로 지는 것을 눈으로 보아온 옛날 사람들이 그렇게 믿었다는 것은, 지식의 발달이 미흡했던 그들에게는 당연했을 것이다.

이와 같은 생각은 '천동설'이라 한다. 천동설을 주장했던 사람은 그리스의 학자 '토레미(Ptolemy)'이었으며, 유럽세계에서는 그것이 기독교의 교리와 합치되기 때문에 중세시대까지 오랜 동안 요지부동한 진실로 간주되어 왔었다.

2. 지동설(Geocentric theory)

사람들의 지능이 발달하고 천문에 관한 지식이 점점 축척됨에 따라, 천체들의 운동을 '천동설'로는 설명할 수 없기에 이르렀다. 16세기 초에 '코페르니쿠스(Copernicus)'라는 폴랜드인이 '지동설'이라는 것-즉 천체가 지구를 회전하는 것이 아니고, 반대로 지구가 스스로 회전하기 때문에 천체가 지구를 회전한 것처럼 보일뿐이다 라고 주장해서 유럽 세계에 큰 파문을 일으켰다. 그 당시는 유럽에서는 기독교 특히 로마 카톨릭 교황의 권위는 절대적이어서, '코페르니쿠스'의 지동설은 빛을 보지 못했다. 그 후 '케플러(Kepler)', '갈릴레오(Galileo)'와 같은 유명한 학자들이 나타나서, 지동설이 옳다는 것을 주장하기에 이르렀으며, '갈릴레오'는 종교재판에서 자기의 설이 틀렸다고 증언해야만 하는 수모를 받기도 했으며, 법정을 나서면서 '그래도 지구는 돈다'라고 혼자말로 중얼거렸다는 일화는 유명하다.

3. 태동기의 과학적 우주

오늘날 자연과학적 우주론은 우주의 기원과 역사, 우주의 형태와 구조 등을 논하는 과학의 한 분야라고 할 수 있다.

천계에 대한 인간의 사색이 처음에는 막연한 우주관으로서 시작되어 그것이 가까운 대상, 다시 말해서 관측 가능한 영역부터 차례차례로 해명의 과정을 진전시켜, 그 때마다 그 우주의 범위를 넓혀 갔다. 이렇게 과학의 대상이 되는 우주는 그 영역을 확대해 갔던 것이다. 그리고 전 우주가 자연과학의 대상으로서 등장한 것은 비교적 최근의 일에 속하는데, 아인슈타인이 일반상대성이론을 적용하여 고찰한 시기 이후로 볼 수 있다. 오늘날 말하는 우주론은 우주(전 우주)라는 자연과학적인 특정의 대상을 연구하는 과학이며, 막연한 우주를 상정하여 그 존재를 형이상학적으로 논하는 일종의 사상은 아니다. 처음에 인간이 가졌던 우주의 개념 그 자체나, 또 우주관은 우주론을 포함하는 오늘날의 우주의 여러 과학과 결코 무관한 것은 아니며, 오히려 그 원천의 하나가 되어 있다. 실제로 인간의 지성이 상정할 수 있는 전 영역, 모든 존재를 모두 포괄하는 세계의 짜임새를 우주라 부르는 발상은 오늘날의 우주의 여러 과학의 출발점을 이루었다고 말할 수 있다. 여기에 천계와 지상계를 구별하고, 천계에 대한 고찰로부터 차츰 정밀한 우주관을 쌓아올려 가는 노력이 오늘날의 우주의 여러 과학을 탄생시켰던 것이다. 우주관을 중심으로 널리 우주의 존재양식에 대한 사변적 고찰을 가하는 것을 우주론이라 하는 것도, 글자 그대로의 뜻과 과거의 사정으로 보아 부정할 수 없는 일면을 가지고 있다.

16세기에 접어들어 코페르니쿠스는 지구가 우주의 중심이 아니며 지구와 행성들이 태양 주위를 돈다고 확신하게 되고 <천구의 회전에 대하여>라는 저서를 발간하였다. 이후 아리스토텔레스의 우주관은 종말을 고하기 시작했다.

17세기에 뉴턴은 하늘의 붙박이별들이 떨어지지 않는 것에 대해 의문을 품고 우주의 크기에 대하여 생각하였다. 그 이전까지 우주의 크기에 대해서는 지구 또는 태양을 중심으로 유한하다고 하는 생각이 일반적이었다. 뉴턴은 자신의 중력 이론을 우주에 적용시키면 우주에 있는 모든 별들은 중력에 이끌려 결국 하나의 큰 덩어리를 이룰 것이라는 결론을 얻었다. 그러나 별들이 무한한 공간에 균일하게 분포한다면 중력은 대칭적으로 상쇄 될 수 있고 따라서 우주의 붕괴를 막을 수도 있다고 생각했다. 그래서 뉴턴은 무한한 크기의 우주를 선호하게 되었다. 그러나 그는 이것도 불안정함을 알게 되었다. 미약한 중력섭동만으로도 전 우주가 하나 또는 많은 덩어리가 될 수 있음을 알고 신의 힘을 빌려 항성들이 아무런 움직임을 하지 않을 때 그 체계가 가능함을 인정한다. 이후 유한한 우주의 개념은 폐기되고 정적이고 무한한 우주의 개념이 20세기 초까지 사람들의 생각을 지배하게 된다.

어두운 밤하늘에 대해서 의문을 품었던 케플러는 다음과 같이 주장하였다.

> 만약 항성의 숫자가 무한하고 균일하게 분포되어 있다면 항성들은 모든 우주에 고루 퍼져 있고 항성간의 간격은 일정하게 된다. 그 결과 하늘은 불덩이처럼 빛나게 되고 뜨거운 열로 지구를 불태울 것이다. 따라서 우주는 유한한 것이다. 이것은 무한히 크고 영원히 존재하는 유클리드공간에 물질이 고루 퍼져있는 우주모형의 타당성을 배제한 것이었다.

케플러와는 반대로 독일의 천문학자 올 버스는 우주의 크기가 무한하다고 믿는 사람이었고, 하늘이 어두운 이유는 무한한 우주의 항성 간에는 구름이 존재하고 이것이 빛을 가려 밤을 어둡게 한다고 생각하였다. 그러나 우주의 무한한 별빛은 구름을 가열시켜 결국 붉게 타오르게 만들 것이므로 케플러의 생각처럼 무한한 우주는 밤하늘을 밝게 하는 것이 타당하게 되는 것이다. 이후 이 밤하늘의 어두움에 대한 의문은 올 버스의 역설이라고 불리게 되었다.

아인슈타인은 1915년에 중력장의 효과를 시공간의 만곡으로 해석한 일반 상대론을 발표하였다. 그리고 1917년에는 라이만 시공간에 입각한 새로운 우주모형을 제시하였다. 그의 우주모형 정적이면서 우주공간의 크기는 유한하지만 경계가 없는 모형이었다. 그는 일반 상대론에서 나온 장방정식이 동적인 우주를 나타내므로 자신의 우주모형과 맞지 않아 우주항을 삽입하여 장방정식을 수정하게 된다. 이론만으로써 팽창하는 우주를 증명할 수 있었으나 편견에 사로잡혀 정적인 우주를 선택했던 아인슈타인이 그의 실수를 알기까지에는, 허블이 팽창하는 우주를 발견할 때까지 기다려야만 했다.

4. 허블의 우주

허블은 20세기 우주론의 기반이 되는 중요한 개념들을 발견한 천문학자이다. 1920년대 까지만 해도 현대에 널리 이해

되는 개념인 은하(Galaxy)의 개념이 없었다고 한다. 그러나 허블은 윌슨 산 천문대에서 안드로메다은하의 관측을 기본으로, 우주의 기본 구성단위가 '은하'라고 하는 별의 집합이라는 놀라운 사실을 관측으로써 증명하였다.

허블은 이런 은하들이 우리 주위에서 어떻게 움직이는가를 체계적으로 연구하기 시작하였다. 그 결과 허블은 놀라운 사실을 발견하였는데, 모든 은하들이 우리 지구로부터 멀어지고 있는 것으로 관측된 것이다. 뿐만 아니라 먼 은하일수록 더 빠른 속도로 후퇴하고 있었다.

허블이 관측한 적색편이, 먼 곳에서 오는 빛의 스펙트럼선(spectrum)의 파장이 긴 빨강색 쪽으로 기울게 되니, 이것은 성운이 지구로부터 멀어져가고 있다는 증거가 되었다. 물론 이런 현상은 중력이 큰 별에서 오는 별의 경우에도 일어나며, 이런 현상을 중력적 적색편이라고 한다. 만일 우주가 수축하고 있었다면 스펙트럼 상에서는 어떤 결과가 일어날까, 당연히 적색편이의 반대현상인 청색편이가 생긴다.

청색편이의 결과로 우리 우주는 점점 수축하여 다시 원래의 원시 혼돈의 우주로 갈 것이다. 그 혼돈의 우주는 어떤 것인가?

은하조차 멀리 떨어져 있을 수 없다. 별들도 그렇지만 원자나 분자들도 서로 꼭 붙어 있어야 한다. 원자핵과 전자는 물론 은하들 조차도 따로 떨어져 있을 수 없을 테이며, 빛조차 있을 수 없는 이러한 세상이 된다.

1929년 허블(Hubble)은 적색이동의 정도를 비교함으로써 관측하는 별까지의 거리와 그 별의 속도의 관계를 나타내었다. 이 관계는 허블의 법칙으로 알려져 있는데, v = Ho × r로 표시한다. 여기서 v는 천체의 속도, Ho는 허블 상수, r은 관측자로부터 천체까지의 거리이다.

이 이론의 개념은 팽창하는 우주의 모양은 고무풍선 위에 점을 여러 개 찍어 놓고 공기를 불어넣을 때 풍선에 찍힌 점 사이의 거리가 점점 멀어지는 현상으로부터 쉽게 유추할 수 있다. 지구에서 멀리 떨어진 별일수록 지구로부터 따른 속도로 멀어지고 있다는 사실은 과거 언젠가는 이 별들이 어느 한 곳에서부터 출발하여 방사형으로 흩어져가기 시작했음을 암시하고 있다.

우주가 팽창한다는 사실은 허블의 관측에 의해서야 겨우 증명이 되었다. 어떻게 생각하면 우리는 보지 못하기에 믿지 못하는 것이 참 많은 것 같다. 아인슈타인조차도 그의 이론이 팽창하는 우주로 나올 수밖에 없는데도 정적인 우주를 고집했다.(물론 인플레이션 이론에 가서 우주상수가 다시금 주목받긴 했지만) 그런 관점에서 생각해보면, 우리가 편견이란 그물에 걸려서 단지 '확인할 수 없다'는 이유만으로 간과해서 묻혀버리는 것들이 너무나 많을지도 모르겠다.

제 3 장 과학발전과 우주론

1. 안개상자

자연 과학적인 측면에서 바라본 보이지 않는 세계를 찾아 그것을 이해하는데 실험적인 사실들이 많은 공헌을 하였다. 그중에서 소립자를 찾아 검출하는 각종 장치들이 중요한 역할을 한다.

소립자의 정체를 밝히는데 큰 공헌을 한 검출 장치가 안개상자이다. 사실 거대 우주를 설명하는 이론이 소립자 이론이다. 그 소립자를 검출하는데 초기에 많은 기여를 하였던 장치에 대하여 알아보자. 이것은 거대한 우주를 이해하는 방법이 원자와 그 내부를 이해하는 길이다. 그것은 우주를 이해하는 방법으로 물질은 어떤 것인가? 하는 원초적인 물음과 같은 것이기 때문이다.

원자의 내부를 들여다보면, 여기에는 핵이 있고 그 주변에 전자가 빠른 속도로 돌고 있다. 보통 우리가 말하는 전자는 원자핵 주변을 돌고 있는 음(－)의 전하를 띈 음전자(electron)를 말한다. 그런데 자연계에는 음전자뿐 아니라 양전자(positron)도 있다는 것이다. 이러한 양전자의 개념은 그다지 쉽게 와 닿지 않는다. 그리고 주변에서 흔히 볼 수 있는 현상도 아니다. 그러한 것을 우리는 설명하고 또 이해하여야 한다.

양전자(positron)의 크기와 질량은 전자와 같다. 전하는 전자가 음(－)의 크기를 가진 반면 양전자는 양(+)의 크기를 가진다. 이 양전자는 스핀(spin)도 1/2로 전자와 같다. 즉 양(+)의 성질을 띈 전자이다. 그러면 이들 양전자는 어디에서 볼 수 있는 것일까? 우리는 이들을 고에너지 실험실에서 만들 수 있을 것이다. 때로는 우주선(宇宙線, cosmic rays)이나 초신성(supernovae), 드물게는 방사능으로부터도 검출할 수 있다. 이러한 양전자를 발견하게 된 것은 윌슨(C. T. R. Wilson)의 안개상자 덕뿐인 것이다.

안개상자는 방사선이나 X－선 등의 비적을 보는 장치이다. 원래 이 장치는 미소 전기량을 측정할 목적으로 고안하였다.

안개상자 안에는 1기압의 아르곤(argon)가스와 소량의 에틸알코올(ethyl alcohol)이 들어 있다. 아르곤 기체내의 에틸알코올은 증발하여 포화상태의 수증기가 된다. 이런 기체가 들어 있는 밀폐상자는 피스톤 역할을 하는 드랄루민 판에 의해 공기를 압축 할 수도 있고, 단열 팽창도 시킬 수 있다. 이러한 가동판을 사용하여 상자 내의 기체를 팽창시키면, 기체는 급격히 팽창하면서 온도가 내려간다.

이처럼 갑자기 단열팽창을 하는 증기 속을 방사선이 지나면 자취를 중심으로 하는 이온이 생긴다. 이때 이온을 비적으로 하는 작은 물방울(지름 약 100분의 1mm)이 생기는데, 이 현상 때문에 상자내의 하전입자인 양전자나 음전자는 비적을 나타내는 것이다. (안개상자로 볼 수 있는 소립자는 운동량이 큰 경우만 가능하다, 이러한 비적장치로는 방전상자(spark chamber)와 씬치레이터(sintillator) 등의 전자장치를 이용한 것들도 있다.)

이러한 방법으로 양전자는 관측되었다. 그리고 이 현상은 우주선(cosmic ray)을 연구 하던 중 앤더슨(C. D. Anderson)에 의하여 처음 발견 되었다.

디락(P. A. M. Dirac)의 양자론에 의하면 진공(眞空)은 비어있는 것이 아니라 음의 에너지 상태인 음전자로 꽉 차있게 됨을 알 수 있다. 여기에 $2mC^2$(m은 전자의 질량이며 C는 빛의 속도) 이상의 에너지를 주면 음의 에너지 상태의 전자를 양의 에너지 상태로 변환 하는 것도 가능하며, 양의 상태의 양전자와 음의 상태인 전자의 공공(空孔)이 관측되기도 한다. 이러한 양전자와 음전자는 쌍으로 발생된다. 이러한 양전자가 발생하는 경우는 다음과 같다.

1. 고 에너지의 광선이 물질에 부딪칠 때, 원자핵의 둘레에서 전자대(電子對)를 만든다.
2. 대전된 큰 에너지의 입자가 물질에 닿으면 원자핵 주변에 전자대(電子對)를 만든다.
3. 인공 방사성 원소들 가운데에는 양전자가 방출되는 것이 발견되기도 한다.
4. 양중간자(陽中間子)가 자연붕괴 하면서 양전자가 방출 된다.

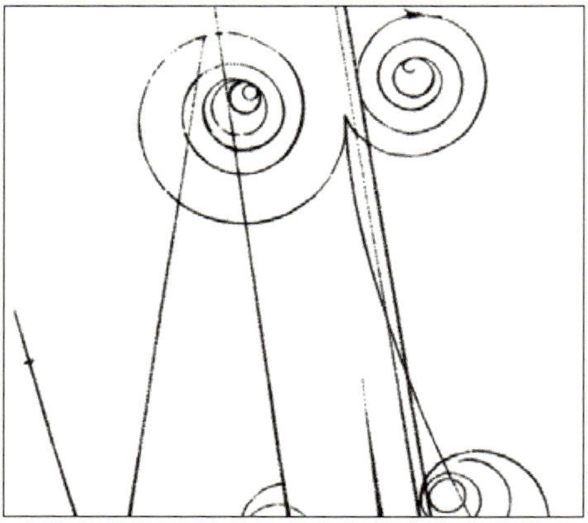

그림 1. 전자쌍 창생

공간에 쪼여진 γ선에 의해 안개상자 내에는 돌연히 양방향으로 회전하는 2개의 나선원이 만들어진다. 회전방향이 다른 것은 생성된 입자의 부호가 서로 다름을 뜻한다. 하나는 양전자이고 하나는 음전자인 것이다. 이렇게 창생된 전자는 진행시 에너지를 잃게 되므로 속도는 점차 줄어들게 되고 따라서 회전 반경이 줄어드는 것이다. 양전자는 곧 소멸하게 된다.

이러한 양전자는 자체로는 안정하나 물질과 만나게 되면 다른 음전자와 결합하여 몇 개의 광자를 내면서 소멸한다. 속박된 전자와 소멸 할 때에는 1개 이상의 빛(광자, photon)이 되고, 자유 전자와 만나서 소멸 될 때에는 2개 이상의 광자로 된다. 이렇게 하여 양전자는 알려지게 되었다.

양전자가 엔더슨에 의하여 발견되기 4년 전에 디락은 전자의 운동을 완전히 설명 할 수 있는 상대론적 파동방정식(相對論的 波動方程式)이론을 도출하였다. 이 방정식의 결과에 의하면 전자의 에너지는 양의 값을 갖는 경우와 음의 값을 가지는 두 종류가 있다. 이것을 디락은 다음처럼 해석하였다. '우주의 진공은 음의 에너지를 가지는 전자로 가득 차 있다. 그러나 양의 에너지를 가지는 전자로는 차있지 않다.' 양의 에너지의 전자는 우리가 알고 있는 전자이다. 그러나 음의 에너지의 전자는 바로 양의 전하를 띄고 있는 양전자가 되는 셈이다. 그렇다면 진공은 아직 전자로 가득 채울만한 공간이 많이 남아 있는 셈이다. 실제로 우리는 진공이라는 그릇 속에 전자를 모을 수 있을 것이다. 이러한 진공의 그릇을 우리는 '디락의 바다(dirac's ocean)'라고 한다.

그림 2. 반물질 사람과의 해후

물질과 반물질은 거울쌍이다. 그렇다면 우주 어디엔가는 나와 똑같은 반물질의 사람이 존재할지도 모른다. 만일 이들이 서로 만난다고 하자. 두 사람이 만나면 소멸하여 엄청난 에너지가 발생하는 것이다. 그러니 제발 반물질계의 존재와 만나려 하지 않기를…

양전자와 같은 형태의 물질은 전자뿐 아니라 다른 소립자에서도 얼마든지 생각할 수 있으며, 이런 것들을 반물질이라고 부른다. 만일 여러분이 반물질로 이루어진 사람을 우연히 만난다면 어떻게 될까? 그것은 생각만 하여도 가슴 떨리는 일이다. 엔더슨은 디락의 이론을 멋지게 증명해 준 셈이다.

2. 물질과 반물질

반우주(antiuniverse)라는 것이 존재할까? 우리는 양전자를 보았다. 전자와 모든 것이 같으나 단지 전하가 다르며, 음전자와 함께 소멸하는 존재이다. 물론, 음전자와 만나지 않더라도 양전자는 물질계와 만나면 소멸되어 버린다. 그렇다면 물질계와 거울 쌍이라 할 수 있는 반우주는 존재할까?

모든 것이 반물질로 구성되어 있는 우주는 소립자에 대하여 일반적으로 반양성자, 반중성자, 반전자 등의 반입자(反粒子)가 존재하는데, 이를 반물질이라 한다. 이를 확장하면 반물질로 이루어진 우주 세계가 나온다. 원자핵에 대하여 반원자핵의 존재가 가능하고, 우주에 대하여 반우주를 추측할 수 있다.

그러나 반물질은 물질과 만나면 큰 에너지를 방출하며 쌍소멸하기 때문에, 가까운 거리에서는 수분의 1초 이상 공존할 수 없다. 지금까지의 관측 결과 은하계 내부에서는 우주선(宇宙線)에 의해 반원자가 만들어질 가능성은 있으나, 반물질로 이루어진 천체가 존재한다는 증거는 발견되지 않았다. 그러나 범위를 수백만 광년 떨어진 곳으로 확장하면 반우주가 존재할 가능성을 전혀 배제할 수 없다.

예를 들면, 백조자리 A를 비롯한 몇 개의 전파별에서 보이는 비정상적으로 강한 전파가 발생되고 있다. 천문학적 크기의 에너지 방출 이것을 설명할 수 있는 이론은 반물질과 물질의 충돌 이것 이외에 설명이 힘들다. 그래서 반은하(反銀河)와 은하의 충돌로 인해 강한 에너지가 방출되고 있다고 설명한다.

이것은 단지 추측일 뿐이고 그럴 가능성을 말할 뿐이다. 그러나 이렇게 생각하는 것도 합리적이다. 최초에 우주가 탄생될 때에는 우주와 반우주가 동시에 탄생되었으나, 양쪽은 탄생 후 얼마 안 되어 서로 관측할 수 없을 정도로 멀리 떨어지게 되었고, 간혹 반우주 내의 반은하가 우주에 유입·접촉되어 전파별과 같은 이상한 에너지 발생원이 되었다고 추측할 수 있다.

그러나 반우주는 이론상의 추측을 벗어나지 못하며, 이를 증명할 수 있는 방법도 알려져 있지 않다. 그러나 실험실 속에서 얼마든지 반입자를 생성해 낼 수 있어서 반물질이 존재할 수 없다고 말 할 수는 없다. 반물질이 아주 짧은 시간동안 생존 할 수 있는 것이 운명이지만 우리의 거울 쌍이라 할 수 있는 반은하의 존재를 부정할 수만은 없을 것이다.

3. 보이는 것이 전부는 아니다
(암흑물질의 세계)

우주의 평균밀도를 구하고자 하는 시도는 아직까지 계속되고 있다. 그런데 평균밀도를 구하는 과정에는 몇몇 문제가 있다. 관측 가능한 별 이외에도 무수히 많은 암흑물질(暗黑物質, dark matter)이 존재한다. 알려진 우주의 물질은 주로 은하의 중심부에 모여 있다. 은하는 태양과 같은 별들이 공간상에 분포하고 그 공간 사이에 거대한 가스와 먼지가 모여 이루어진다. 이중에서 빛나는 물질은 전체의 1퍼센트에 해당한다. 나머지는 어떠한가?

암흑물질이 아직 충분히 밝혀지지는 않았다. 사람들은 이러한 물질을 종종 잃어버린 질량(missing mass)라고도 한다. 암흑물질의 양은 얼마나 되는가? 빛나는 물질보다는 훨씬 많은 양이다. 거의 10배라고 하는 것이 밝혀졌다. 그러니 있는 것 중에서는 보이는 것 보다는 안 보이는 것, 즉 감추어져 있는 것이 훨씬 많다는 것이 우주의 비밀인 셈이다. 이러한 보이지 않는 것 중에는 너무 작아서 보이지 않는 것이 있다. 예를 들면 그 수야 적겠지만 목성과 같은 크기의 행성이나, 어두운 갈색이나 흑색왜성이 있다. 이들은 보이지 않을 테니 암흑물질처럼 될 것이고, 수소원자 같은 것이 성간물질로 존재한다고 해도 이들을 볼 수가 없다.

암흑물질을 시사할 수 있는 것들 중에 WIMP라는 것이 있다. 이 입자는 '약한 상호작용을 하는 무거운 입자'라는 뜻으로 이 입자는 다른 물질과는 쉽게 상호작용 하지 않는다. 그러니 탐지하기가 어려울 뿐만 아니라 핵자보다 훨씬 작은 것들도 엄청나게 많다. 그러나 이러한 핵자물질 이외에도 보이지 않는 것이 있는가? 이것이 문제이다. 이러한 암흑물질을 설명하려는 가상은 두 가지가 있는데 하나는 '뜨거운 암흑물질'이고 하나는 '차가운 암흑물질' 모델이다.

뜨겁다 차갑다 하는 것은 열역학적으로 운동에너지를 말하는 것이다. 따라서 차가운 암흑물질이라고 한다면 열 요동이 없는 입자인 엑시온(axion)으로 추정된다.

뜨거운 암흑물질로 다른 것들과 상호작용은 거의 없게 되지만, 중성미자(뉴트리노, neutrino, 전자의 만분의 1 정도의 크기) 같은 것을 들 수 있다. 이것들은 전자보다도 가벼운 질량임에도 불구하고(현재는 질량이 없다고 밝혀져 있음) 수가 많기 때문에 전체질량이 핵자를 능가하게 될 수도 있다. 그러나 이런 것들은 관측이라도 가능한 것이고 추정이라도 가능하다. 그러니 어떤 형태이건 우리가 다룰 수가 있는 것이다. 문제는 우리의 예상을 초월한 것들이 문제이다. 이들은 인식의 범위 밖에 있는 것이기 때문에 문제는 커지는 것이다.

애초에 말조차 할 수 없는 것, 그럼에도 불구하고 이런 것들을 말하고자 하는 것이 깨달음의 경지이다. 이와 같은 암흑물질 이외에도 우리가 다루고 싶은 것으로써 검은 구멍(black hole)과 미소 검은 구멍(miny black hole)을 생각해 볼 수 있다.

한때 미국에서는 검은 구멍이라고 하는 말이 유행한 적도 있었다. 그러나 단지 유행으로서가 아니라 우리에게는 아주 이해하기 어려운 깊은 사색적인 화두를 제공한다. 즉 있는 것과 없는 것은 어떤 차이가 있는가? 이러한 검은 구멍 자체는 무엇인가? 등등의 많은 의문거리를 제공한다. 이 같은 검은 구멍은 시공을 이해하는데 커다란 기여를 한다.

검은 구멍의 존재를 최초로 예견한 사람은 알버트 아인슈타인(A. Einstein, 1879~1955, 독일태생의 물리학자. 1915년 일반상대성 이론 완성)이다. 아인슈타인은 일반상대성 이론의 결과에 의해 놀랄만한 천체를 예언한다. 그것이 바로 검은 구멍이다.

고전역학에 의하면 시간이나 공간 그리고 질량들은 서로 관계가 전혀 없는 별개의 존재이다. 뉴튼만 하더라도 시간은 절대적이다. 공간도 물질이 있건 없건 존재하는 절대 공간을 부여했다. 그러나 일반상대성 이론은 그렇지를 않다. 절대성을 부정하게 된다. 그리고 시공의 변화가 곧 중력의 변화를 의미하게 된다.

아인슈타인은 중력장 방정식을 만들었다. 그러나 이를 최초로 해결한 사람은 슈바르츠실트(Schwarzschild 1873~1916, 독일의 수학자)이다. 중력장 방정식을 풀게 되면 공간의 한 점에 질량이 집중 하는 것을 알 수 있다. 뿐만 아니라 이렇게 집중하는 점의 주변에는 우리가 얼핏 이해하기에는 힘들지만 구면(schwarzschild surface)이 생기게 된다. 나중에 밝혀졌지만 이 구면이 블랙홀의 경계면으로 이때의 반지름을 슈바르츠실트의 반지름(Schwarzschild radius)이라고 부른다. 만일에 태양 규모의 별을 검은 구멍으로 만든다고 하자. 슈바르츠실트의 반지름으로 3Km 정도의 크기를 이루고 있는 것을 알 수 있을 것이다. 지구정도의 천체는 검은 구멍을 형성하기에는 너무 질량이 작지만 이론상으로는 반경 1cm 미만을 이룰 것이다. 한 점에 질량이 집중한다고 하는 것은 상식적으로 이해하기 힘들기 때문에 슈바르츠실트 자신은 이것을 도저히 이해도 상상도 할 수 없었다. 그는 3개월 후에 저 세상으로 갔지만 검은 구멍의 이론적인 출발은 여기서부터 시작된 셈이다. 슈바르츠실트는 검은 구멍이라는 이름조차 몰랐으니 자기 생전의 위대한 발견을 스스로 조차 평가받지 못한 셈이다.

검은 구멍을 살펴보기 위하여 별들의 일생을 살펴보자. 거의 대부분의 별들은 그 중심부에서 일어나고 있는 수소반응으로써 에너지를 공급받는다. 그래서 별들의 수명은 가지고 있는 수소의 양에 의하여 결정되는 것이다. 말하자면 자체의 질량에 의하여 수명이 정해진다는 것이다. 그런데 수소의 양이 많으면 수명이 길고 수소의 양이 작으면 수명이 짧은 것은 아니다. 오히려 반대가 된다. 질량이 크면 클수록 중력이 세어지므로 별의 온도는 고온이 된다. 따라서 강렬하고 화려하게 빛을 내품게 되지만, 그 결과는 짧고 굵은 일생을 보내게 되는 것이다. 반대로 질량이 작으면 빛은 약하나 별의 중력도 상대적으로 약하게 되고, 따라서 별의 내부 압력도 낮기 때문에 별 내부의 핵융합 속도도 천천히 이루어지게 되고 에너지를 천천히 소모하게 되는 것이다.

다음 표에서 태양의 밝기를 1로 하고 태양의 질량을 1로 한 도표이다. 현재 태양의 나이는 50억 년이니, 태양은 앞으

표 1. 별의 수명 : 태양의 표면 온도는 절대 온도로 6400도이다

표면온도	밝기	질량	주계열성의 수명
35,000	80,000	25	300만년
30,000	10,000	15	1500만년
11,000	60	3	5억년
7,000	5	1.5	30억년
6,000	1	1	100억년
5,000	0.5	0.75	150억년
4,000	0.025	0.5	2000억년

로 50억년동안을 지금처럼 빛을 내며 살 수 있을 것이다. 이렇게 하여 수명이 다하면 어떻게 될까? 이때는 에너지를 태우면서 점점 내부 압력이 높아지고 별은 폭발을 하게 되는 것이다. 그러면 밀도가 진공에 가깝고 커다랗지만 온도가 아주 낮아서 붉게 빛나는 적색 거성이 된다.

우리가 밤하늘에서 보게 되는 대부분의 별들은 수명이 150억년 정도이며 대체로 수명이 일정한 별들로 이들을 주계열상의 별들이라고 한다.

이런 별들은 가지고 있는 수소를 소모한다. 수소가 타면서 수소 대신 헬륨을 생산해 낸다. 이렇게 하여 헬륨이 10% 정도 생길 때까지는 아직도 주계열에 해당하는 항성이다.

그러나 주계열에서 벗어나 헬륨이 전체의 절반 정도에 이른다면 이때의 밝기는 주계열 때보다도 수천 배 이상의 밝기가 되며 반지름도 100배 이상의 거성이나 초거성으로 진화

한다.

이런 별의 중심부는 아마 1억 도는 될 것이다. 이때쯤이면 수소도 거의 없어지고 헬륨이 다시 에너지원으로 되면서 별이 빛난다.

소모되는 헬륨 대신에 리튬과 같은 원소가 생기게 되는 것이다. 그러나 이때부터는 점차로 별이 수축하게 된다. 그리하여 작고 고온인 백색 외성으로 된다. 어떤 경우에는 백색외성이 되기 전에 신성(초신성)으로 폭발하는 경우도 있다.

전체적인 별의 일생을 볼 때, 주계열은 청장년 기에 해당한다. 거성이나 초거성은 노년기이다. 그리고 백색외성이면 일생을 마치는 죽은 별이 되는 셈이다. 주계열에 있는 별보다 질량이 수백 배나 되는 큰 별이 있다고 하면 어떻게 될까, 이들은 다른 별보다 빨리 수축하게 되고 에너지도 훨씬 빨리 소모한다. 따라서 큰 별은 상대적으로 수명이 짧으며 다른 별 보다 빨리 별의 일생을 마치게 되는 것이다.

항성의 모습은 어떠한가, 항성의 80%는 다중성이다. 그러나 대부분은 2중성이며 때로는 3중성도 있고 4중성도 있다.

우리 태양과 같은 단독의 항성은 오히려 예외라고 보아도 될 정도이다. 이런 다중성들은 워낙 멀기 때문에 별이 둘이든 셋이든 우리 눈에는 하나의 별처럼 보이지만 실상은 그렇지가 않다. 이들이 다중성인 것은 그림에서 보는 것처럼 별의 밝기가 주기적으로 변하는 것을 관찰해 보면 알 수 있다.

처음에는 백색외성을 핵연료조차 다 써버린 오직 식어가며 죽은 별이라고만 생각했다. 그러나 1988년 미국의 우주 망원경 연구소의 본드 박사팀은 '0950+139'이라는 백색외성을 발견했다(행성상 성운의 중심별로 태양계 넓이의 고밀도 수소기체를 가진 백색외성임).

어떤 것은 백색외성 이면서 맥동 변광성인 것도 있다. 이러한 백색외성은 중력이 극단적으로 강하며 회전하기 때문에 원심분리기처럼 작용한다.

그 결과 수소와 같은 가벼운 원소는 위에 뜨게 되지만 무거

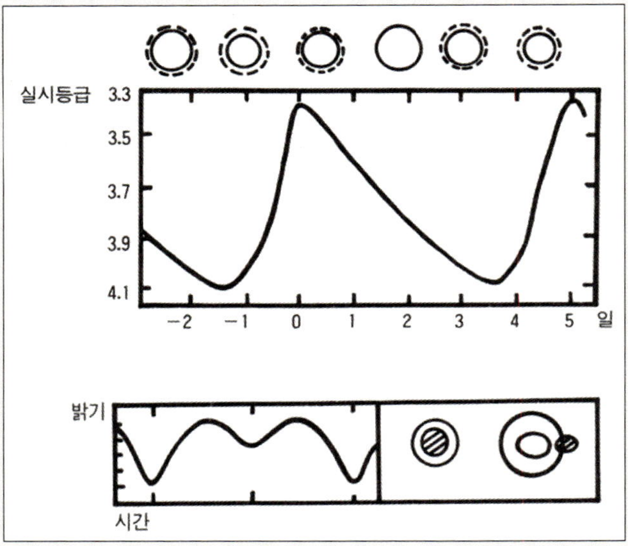

그림 3. 이중성인 경우에 별의 밝기가 변하는 모습

위 그림은 케페우스 성좌의 δ성의 광도곡선이다(위). 이것은 다른 예로 이해하기 좋게 아래에 그렸다(아래). 두 별은 서로 공동의 질량 중심을 회전한다. 큰 별을 주성, 작은 쪽을 반성이라 한다. 별이 서로 가리면 광도가 줄어들게 된다.

운 원소는 아래로 갈아 앉게 되므로 백색외성의 내부는 무거운 산소나 탄소로 이루어진다. 어떤 것은 헬륨과 같은 대기를 가진 것도 있다. 그러나 지름은 지구와 비슷하다.

우리 은하계의 경우 젊은 별이 10개 있다고 한다면 백색외성은 약 1개인 셈이다. 그러니 우리의 은하계 우주는 아주 젊다고 볼 수 있을 것이다. 그리고 평균밀도는 물의 100만배 정도나 된다.

이것은 백색외성의 $1cm^3$의 무게가 1톤 이상이 됨을 뜻한다. 이러한 별은 별 자체가 원자로 빈틈이 없이 가득 찬 아주 밀도가 높은 별이다. 만일 이러한 백색외성의 질량이 그 한계를 초과 한다면 어떻게 될까?

백색외성은 중력붕괴를 일으킨다. 이렇게 되면 별의 밀도는 자꾸 높아지게 되고 원자핵 주변을 돌던 전자는 압축되어 핵 안에 있는 양성자와 결합하게 되고 결국 별 내의 모든 원소는 중성자로 변하게 되는 것이다.

이러한 별이 중성자성이다. 그래서 중성자성은 초고농도의 원자 덩어리라고 볼 수가 있다. 그리고 초고속도로 회전하는 것이다. 따라서 이때의 회전 때문에 마치 구급차나 소방차 지붕에서 반짝이는 맥동 신호처럼 펄서 형태의 에너지를 내보낸다. 이때에 방출되는 맥동은 강력한 자기장의 형태인데 강력할 뿐 아니라 마치 맥이 뛰는 것 같다고 하여 일명 펄서(pulse)라고 부르는 것이다.

펄서는 에너지를 우주로 방출하면서 차차 힘을 잃기 때문에 나중에는 정지하게 되고, 은하의 뒤편에서 쓸쓸히 흔적도 알아 볼 수 없는 외로운 죽음의 별이 되는 것이다.

매우 큰 별은 어떠한가? 중성자별의 질량에도 한계가 있다는 것을 오펜하이머(J. Oppenheimer, 1904~1967, 미국의 물리학자)는 설명하고 있다. 매우 큰 질량의 별은 수명도 아주 짧다. 아주 정열적으로 에너지를 소모하게 되며, 중력 때문에 끝없이 붕괴하여 마침내는 한 점으로 수축 하게 된다. 이렇게 된다면 슈바르츠실트가 발견한 중력장 방정식의 해와 일치가 되는 셈이다. 이것이 바로 검은 구멍이다.

그러나 처음에는 중성자별조차도 단지 이론에 불과했다. 그렇기 때문에 한 점에 집중 된다는 검은 구멍에 대해서는 누구도 그 존재를 상상하지 않았다. 그러나 검은 구멍이 전파망원경의 발달에 의하여 그 존재의 가능성을 보여 주었다. 또한 1972년에 가서야 X-선 천문위성에 위해 검은 구멍의 존재를 확인 할 수 있었던 것이다.

검은 구멍에서는 이러한 상상을 초월한 중력 때문에 빛이라 하더라도 빠져 나올 수 없다. 또한 블랙홀은 빛이나 전파조차 빨아들이므로 이것을 직접 관측한다는 것은 가능하지 않다. 따라서 광학 망원경뿐만 아니라 전파망원경으로 본다고 하더라도 검은 구멍의 실체는 직접 볼 수가 없는 것이다. 그러나 검은 구멍의 흔적이나 발자취라도 있다면 포착이 가능할지 모른다.

검은 구멍은 강력한 중력 때문에 다른 별이나 주변에 있는 기체들이 맹렬한 기세로 빨려 들어가는 경우를 생각할 수 있다. 이때에 X-선이 방출된다는 것이 알려져 있다. X-선 천문위성 '우후르(1970년 발사됨, 스와힐리 말로 자유라는 뜻을 가짐)'가 발견한 것도 X-선 천체이다. 1970년 백조자리 X-1에서 주기가 0.05초 이하로 짧게 변하는 매우 작은 X-선 천체를 발견 하였다. 이별은 지구에서 8000광년 떨어진 거리에 있는 HDE226868이라는 거대한 푸른 별이다. 그런데 이별이 보이지 않는 어떤 별(반경이 겨우 수십 Km) 주위를 도는 것을 발견하였다.

푸른 별의 주기는 5.6일이었다. 이것은 도플러 효과에 의하여 알 수 있다. 즉 별이 지구에 대하여 공전을 하기 때문에 이 효과에 의해 도플러 효과가 나타나는 것이다. 두 별 중 하나는 보이지 않으나 관측 결과는 연성이다. 즉 쌍둥이별이 되는데 그렇다면 우리는 푸른 별의 짝인 보이지 않는 별의 질량을 계산해 낼 수 있다.

계산 결과 푸른 별은 태양의 8.5배이고, 이 별의 짝이 되는 보이지 않는 천체는 태양의 20배에 이르는 커다란 별 이었음을 알 수 있었다. 우리는 보이지 않는 이 별을 처음에는 중성자별이 아닌가 하고 의심하였다.

중성자별은 기껏해야 태양의 2배 정도 이어야 하며 그보다 무거운 중성자별은 존재하지 않는다는 것이 이론이다. 그리고 보이지 않는 별이 검은 구멍이라는 사실은 1972년의 관측으로부터 비롯된 것이다. HDE226868별의 기체가 보이지 않는 별에게 계속 흡수되는 것이었다.

청색으로 된 별로부터 방출되는 가스에 의해 검은 구멍의 주위에는 고온의(절대온도 100만K) 가스원반이 만들어진다.

지구에서 낙하하는 물체는 포물선을 그리며 지표로 떨어지는데 검은 구멍으로 흡수되는 기체는 회오리처럼 검은 구멍을 마치 원반처럼 회전하면서 점차 아래로 내려가게 되는 것이다. 이렇게 회전 하면서 검은 구멍으로 빨려 들어가는 원반을 우리는 강착 원반(降着 原盤)이라고 한다. 즉 원반이 자꾸 아래로 빨려 내려가게 된다는 것이다. 그리고 그보다 더욱 안쪽은 검은 구멍에 빨려 들어가니 강착 원반은 회전면의 안쪽에는 존재하지 않는 셈이다.

원반은 안쪽으로 갈수록 바깥쪽 보다 빠른 속도를 가지고 돌게 된다. 이런 속도 차이에 의해서 기체 사이에는 마찰이

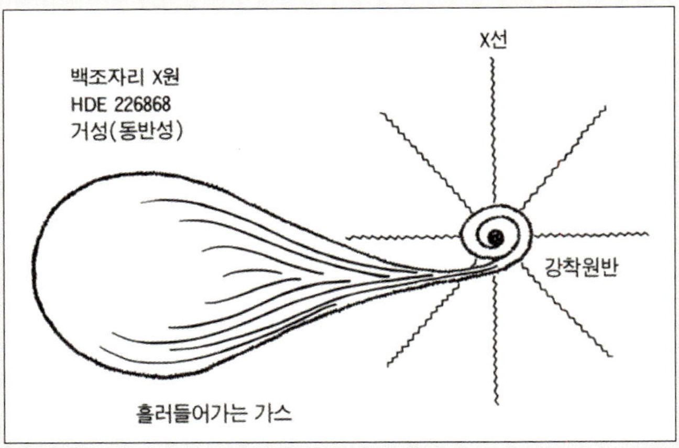

그림 4. X선 별로부터 측정되는 검은 구멍

검은 구멍의 동반성으로부터 기체가 흡입된다. 두 별 중 하나는 보이지 않으나 관측에 의하면 밝기가 주기적으로 변하는 이중성이다. 강착 원반의 소용돌이 가스에 의해 X선이 생긴다. 이렇게 해서 검은 구멍의 탐사는 시작된다.

생긴다. 이러한 마찰이 있다면 기체는 더욱 고온이 되고, 이때의 에너지로부터 X－선이 방출되고 있었던 것이다. 이와 같은 관측 결과와 이론적인 토대에 의하여 백조자리의 이 천체는 검은 구멍이라는 것이 판명 되었던 것이다. 이런 방법으로 검은 구멍의 탐색은 시작된 것이다.

그러면 검은 구멍 자체는 어떠한가. 자세한 언급은 뒤로 미루자 그러나 검은 구멍의 내부에는 시간도 공간도 없다는

표 2. 추정되는 검은 구멍

검은 구멍	내 용
AO620-00	▪ 6500광년 거리 ▪ 최저 예상 질량 태양의 3.2배 ▪ 1980년 초 발견
LMC X-1	▪ 대 마젤란 성운에 있음 ▪ 질량 태양의 2.6배 ▪ 1980년대 초 발견
LMC X-3	▪ 대 마젤란 성운에 있음 ▪ 질량 태양의 7배 ▪ 1980년대 초 발견
GS2023+25	▪ 작은 여우자리에 있음 ▪ 강력한 X-선 신성 ▪ 1988년 일본발사한 긴가에서 발견 ▪ 검은 구멍 후보임
GS2023+33	▪ 작은 여우자리에 있음 ▪ 강력한 X-선 신성 ▪ 1988년 일본발사한 긴가에서 발견 ▪ 검은 구멍 후보임

것이다. 뿐만 아니라 실제로 이와 같은 것이 우주에는 존재하는 것이다.

시공의 세계 내에는, 존재하지도 않으며 시간도 공간도 아닌 아주 기이한 것이 있는 셈이다. 억지로 말한다면 있는 유형의 물체가 검은 구멍으로 빨려 들어가 시공도 존재하지 않는 무로 변화한다고 하는 것이다.

만일 우주가 수축을 한다면 어떤 일이 일어날까? 검은 구멍은 주의의 물질을 빨아들여 점점 더 커져간다. 우주의 공간이 수축되므로 검은 구멍의 충돌로 인한 검은 구멍이 합쳐지는 현상이 생기게 된다.

검은 구멍은 점점 커지고 언젠가는 모든 물체가 검은 구멍

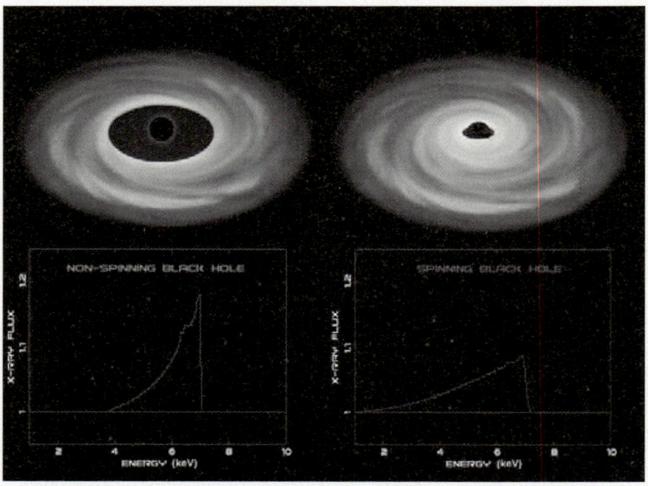

그림 5. Cygnus X-1과 J1650-500, GX339-4의 모형도

출처 : http://chandra.harvard.edu

내로 빨려 들어가고 맨 나중에는 하나의 거대한 검은 구멍이 생기게 된다. 그러나 이렇게 간단한 양상만은 아닐 것이다. 만일 이렇게 된다면 얼마나 시간이 걸릴까? 추정하기에는 1000경(京, 10^{19})년이라는 세월이 걸린다.

스티빈 호킹에 의한다면 이것은 10^{100}년 후에는 증발하게 되고 이때에는 우주에 전자와 양전자, 빛과 중성미자인 소립자만 남는다고 한다. 결국은 검은 구멍의 세상이었다가 다시 소립자의 세상으로 가니 아마도 우주는 영원한 유기체가 아닐까?

4. 지구에서 우주로

우주의 탄생이나 기원은 대부분의 사람이 흥미 있어야 한다. 그래서인지 여러 민족의 신화나 전설에는 우주 설이 등장한다. 그러나 이러한 우주 설을 단지 신화나 전설이라고 인정할 뿐 대부분의 사람들은 이것에 대해 관심 있어 하지도 않고 진실이라 생각하지도 않는다. 단지 옛날이야기이거니 하고 흘려버리며 그다지 중요하다고 생각하지도 않았다.

밤하늘엔 수많은 별이 빛을 빛나고 있다. 밤하늘에 보이는 수많은 별들 중, 우리는 지구라는 결코 다른 별들에 비해 크지 않은 조그마한 행성에서 삶을 영위하고 있다. 우주에 대한 아주 조그마한 지식으로도 우리 지구는 거대한 우주 속에서 초라할 정도로 작은 부분을 차지하고 있다는 것을 생각할 수 있다. 그러한 조그만 지구라는 행성 속에서 우리 인간이라는 존재가 살아가고 있는 것이다. 80년을 평균수명으로 해서 자신의 능력을 발전시키려고 노력하고 죽음을 맞이하는 인간이라는 존재(그들을 둘러싼 우주라는 것의 운동과 나이를 생각할 때)는 정말로 왜소하고 보잘 것 없는 존재라고 느껴지기도 한다.

그러나 인간이라는 존재의 기원과 그것을 이루고 있는 구성원소를 생각한다면 인간이라는 존재가 그렇게 초라하고 보잘 것 없는 존재만은 아니라는 것을 생각할 수 있다. 우리 인간은 우주 형성 초기인 빅뱅으로부터 장구한 시간이 지난 후에 만들어진 원소로 이루어졌다. 즉, 인간은 우주 형성 초기부터 이미 존재가 결정되어 있었고, 우주의 물질들로 이루어졌다는 점에서 우주의 진화 과정 그 자체가 인간이라는 존재를 출현시키기 위한 과정이고, 어떤 의미에서는 그 과정 자체가 인간 존재의 역사라고 말할 수도 있다. 그런 의미에서 우리 인간의 우주에 대한 호기심은 바로 궁극적 회귀본능인 것이다.[1)]

그러한 인간의 우주에 대한 회귀 본능에 의한 호기심은 인간으로 하여금 우주에 대해 끝없이 탐구하고, 그럼으로써 우주의 의미와 더불어 자신의 존재의미를 찾으려는 작업을 수행하는 원동력을 부여해주고 있다.

---

1) 이영욱, 2000, 『우주 그리고 인간』, 동아일보사, p.60(1～2줄)

제4장 우주팽창과 우주론의 이해

현대의 우주론은 우주의 기원에 관한 인류의 인식 변화의 한 단면을 보여주는 것들이다. 대표적 이론으로는 원시 원자 이론(Primeval Atom theory)과 대폭발이론(Big-Bang theory)과 정상 상태 우주론(Steady-State theory)이 있다.

이론에 의하면 우주가 처음 탄생할 무렵에 우주는 거대함 자체로 전 우주를 탄생시킬 만한 에너지를 가진 상태에서 급격한 팽창이 일어났음을 알 수 있다. 이때의 에너지는 물질로 변화했으리라 생각한다. 1929년 르매트르(Lemaitre)에 의해 제안된 이 이론은 처음에는 학계에서 별로 인정받지 못하였다. 그렇지만 1912년 슬리퍼(Slipher)가 관측한 적색이동(red shift) 현상이 이 이론에 적용되면서부터 유력한 이론으로 자리를 굳혔다.

르메트르는 자신의 이론을 "원시 원자에 대한 가설"이라고 불렀다. 우주는 단일한 원시 양자상태에서 태어났다고 주장했다. 그는 양자론과 열역학으로부터 시간과 공간의 개념이 정적인 것이 아니며, 시간과 공간의 개념은 본원적인 양자가 충분한 숫자의 양자로 분리된 이후에 실질적인 의미를 가진다고 하였다.

르메트르의 원시 원자 가설은 그의 스승인 에딩턴에게 수용되었고 인기가 높았지만, 과학적인 검증의 뒷받침이 없었기 때문에 그의 주장은 틀렸음이 밝혀졌다. 하지만 폭발과 팽창을 기본으로 한 그의 이론은 이후 빅뱅이론의 기본이 된다.

르메트르의 원시 원자 가설을 요약하면 다음과 같다.

1. 지구궤도만한 원시 원자 존재
2. 원시 원자의 폭발적인 방사성붕괴 → 급격한 팽창 → 중력에 의한 감속 → 재 팽창(적색이동이 그 증거)
3. 급격한 팽창과 중력에 의한 감속단계에서 입자들이 혹성과 행성 형성
4. 우주선(Cosmic ray)은 급격한 팽창의 흔적
5. 원시원자는 무에서 갑자기 존재

이 이론은 1948년 가모브(G. Gamow)가 르매트르의 원시 원자이론을 확장하여 제안한 것으로 지금부터 100~200억년 전에 1,016 K 이상의 초고온과 1,014g/cm^3 이상의 초고밀도를 가진 원초물질이 폭발하여 오늘날과 같은 우주가 형성되었다는 이론이다. 빅뱅 이전에는 시간과 공간은 물론 물질도 존재하지 않다가 빅뱅의 순간에 이 모든 것들이 함께 '창조'되었다는 것이다.

이 이론의 증거로는 두 가지를 들을 수 있다. 하나는 중력적 적색이동이고 다른 하나는 우주의 배경복사이다. 2.73°K

흑체복사파장의 존재한다는 것이다. 여기에 가벼운 원자의 비율에 대한 확인 등이 있다.

1. 적색이동(Red shift)

적색이동은 우주 팽창설의 중요한 단서가 되는 이론으로 도플러 효과가 기본이 된다. 도플러 효과란 파원에 대하여 상대속도를 가진 관측자에게 파동의 주파수가 파원에서 나온 수치와는 다르게 관측되는 현상이다. 예를 들면, 기차가 서로 다가올 때 상대 기차의 기적소리는 크게 들리고, 서로 멀어질 때의 기차의 기적소리는 낮게 들리는 것은 도플러효과에 의한 것이다. 그리고 허블이 관측한 적색이동은 멀어지고 있는 천체로부터 나오는 복사가 도플러 효과에 의해서 파장이 긴 적색 쪽으로 밀려 관측되는 것이다. 허블의 관측으로 전체는 멀어지며 적색이동을 나타낸다는 데서 우주는 팽창하고 있다는 것을 보여준다. 또한 팽창하는 우주는 거꾸로 처음 시작이 있었을 것이라는 것에서 적색이동은 빅뱅이론의 근거가 된다.

2. 우주 배경복사

우주는 대폭발을 하는 시점으로부터 차차로 냉각을 시작하여 오늘에 이르른다. 그런데 이러한 이론을 입증시켜준 극적인 재확인이 1964년 벨연구소에서 이루어졌다. 이것이 펜지아스(Arno A. Pengias, 윌슨과 함께 1978년 노벨상 수상)와 윌슨(Robort. Willson)이 발견한 마이크로파 대(micro wave band)에서의 우주 배경 복사이다.

이들은 통신위성과 교신하기 위한 안테나를 연구하고 있었다. 수신되는 잡음을 제거해 나가는 동안에 아무리 하여도 그 원인을 알 수 없는 마이크로파대(7mm－20cm)에 해당하는 파장의 출처를 알 수가 없었다. 이와 같은 파장 대는 절대온도 3도에서 복사되는 전파 발생원이 있어야 함을 의미하는데 과연 이것이 무었을 뜻하는 것인가?

우주의 배경복사는 천공(天空)의 모든 방향에서 거의 같은 강도로 방사되고 있다. 방향에 따르는 복사도의 차이는 겨우 1만분의 1정도인 것이다. 이러한 배경복사는 우주 대폭발의 초기에 생긴 하전입자(荷電粒子) 상호간의 산란과 소멸의 결과

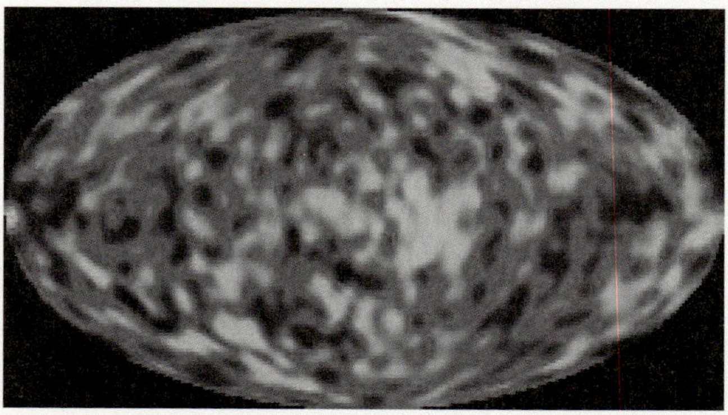

그림 6. COBE가 촬영한 태초의 빛

로 생긴 것이다.

복사 스펙트럼에 의하면 당초에는 상당히 고온의 복사체에서 방사되어서 현재는 냉각이 되어 절대온도 3k에 이르게 되었음을 시사하는 것이기도 하다. 따라서 현재의 우주 배경복사는 절대온도 3도의 우주 방사인 것이다. 우리는 이러한 이론의 확충에 의해 1929년 허블에 의해 제기된 우주 대폭발설은 확고한 지지를 얻게 된 것이다. 이러한 흑체복사 이론에 의한 흑체복사 파장인 태초에 물질과 빛이 섞여있을 때 팽창에 따라 물질과 빛이 서서히 분리하며 비로소 빛이라는 매체를 통해 우주를 볼 수 있게 된다. 이 우주배경복사는 이 때에 우주에 충만해 있던 빛을 말한다. 태초의 상상할 수 없는 고온은 우주가 팽창함에 따라 계속 식어 가서(파장이 길어져) 현재에도 우주 배경 복사의 형태로 존재할 것이라는 이론이다. 이 우주 배경 복사는 천문학자 가모브(G. Gamow)가 펜지아스와 윌슨의 관측 전에 대폭발의 결과로 존재할 것이라고 예언한 것이었다.

3. 헬륨을 포함한 가벼운 원소

열복사의 온도를 알면, 탄생 1초 후 쯤의 우주는 전체적으로 1백억 도 정도의 온도 상태라는 것을 계산할 수 있다. 이 온도는 복합적인 원자핵이 존재하기에는 너무 높아서 기본 입자들이 섞여 있는 상태일 것이다. 그러나 이것이 냉각됨에 따라 핵반응이 가능해지고 중성자와 양성자가 짝을 이루어 자유롭게 달라붙고 이들 짝은 교대로 헬륨 원소의 핵을 형성하며 결합했다.

계산에 의하면 이 핵 활동은 약 3분간 지속되었으며, 그 동안 물질 질량의 약4분의 1이 헬륨으로 합성되었다. 이 과정에서 이용 가능한 모든 중성자들이 다 사용되었고 남은 양성자들은 수소의 핵이 될 수밖에 없었다. 이론에 따르면 우주는 약 75%의 수소와 25%의 헬륨으로 구성되어 있다. 그런데 화학적 구성을 알고 있는 천체의 대부분은 그 구성물질의 23－27%가 헬륨으로 구성되어 있으므로 우주의 약 25%가 헬륨으로 되어 있음을 유추할 수 있다. 나머지는 대부분 수소이며 다른 무거운 원소는 아주 적다. 헬륨은 별을 활동시키고 있는 핵융합에 의해서도 만들어지지만 그것은 우주의 2.3%밖에 차지하지 못하므로 우주의 4분의 1을 채울 만큼 많은 양이 아니다.

이 이론의 핵심을 요약하면 다음과 같다.

1. 원시원자이론을 발전시킨 것
2. 우주 폭발은 자일램(ylem)이라는 초고온, 초고밀도의 원시 물질로부터 비롯되었다
3. 먼저 수축단계를 거친 일렘이 대폭발을 일으킴
4. 현재 알려진 원자는 대폭발 후 한 시간 이내에 합성
5. 팽창은 영원히 계속

팽창은 영원히 계속되는 것일까? 우주가 팽창을 멈추고 다시 수축한다면 어떤 일이 일어날까? 이것은 잘못된 가정이지만 수

축 시 이런 일이 생긴다고 영국의 천체물리학자인 스티븐 호킹이 설명하였다.

우주가 수축할 즈음에 시간이 역전한다. 사람은 젊어지기 때문에 관에서 나와 늙은이가 점차 젊어진다. 이윽고 아기가 되어 어머니 뱃속으로 들어간다. 역사는 거꾸로 흐르지만 역사뿐 아니라 지구의 나이도 거꾸로 흐르기 때문에 자꾸 과거로 되돌아가는 것이다. 이것은 시간의 화살이 거꾸로 흐름을 말하는 것이다. 자꾸 과거로 거슬러 가기 때문에 우주는 결국 태초에 있었던 상태로 되돌아가게 되는 것이다. 그러니 먼 미래의 시점에 지금과 같은 상황이 거꾸로 되풀이 된다는 아주 기이한 그러면서도 신기한 착상이지만, 이 가설은 결국 스티븐 호킹도 취소하게 되었다. 시간이 거꾸로 흐른다는 것을 의미한다. 사실은 그렇지 않지만 스티븐 호킹은 이렇게 생각했던 것이다. 이것은 시간의 화살에 대한 문제이다. 시간의 화살은 일정한 방향으로 흐르기 때문에 이런 일은 일어나지 않는다. 스티븐 호킹은 자신의 이론을 수정하였다. 이처럼 과학자들의 노력은 진지하고 이런 과정을 통해 한 발자국씩 과학적인 사실이 진전되는 것이다. 그것이 우리 인간의 인식 확산 과정이 될 것이다.

제5장 우주의 역사

1. 역사와 사건 정황들

지금부터의 일은 찰나보다 짧은 동안에 일어난 일이다. 허나 공간마저 초탈한 자리이고, 무한 우주의 일이다.

이때의 일들은 소립자의 세계에 대한 이해 없이는 불가능하다. 무한우주와 소립자. 그야말로 극과 극은 통하는 셈이다. 미시세계가 거시의 우주를 말하고 있으니 말이다.

최초의 과학적 난생설이 탄생하는 1940년대의 대폭발 우주론은 우주가 하나의 중성자로부터 출발하였다고 하는 가정에서 출발한 것이다. 중성자의 붕괴는 어떠한가? 중성자가 한 개의 전자와 한 개의 양성자 그리고 한 개의 반뉴트리노로 쪼개지는 잘 알려진 방사능 붕괴과정을 거치게 되는 것이다. 그리고 무거운 원소는 우주가 적당히 식을 무렵에 중성자 포획에 의하여 원자가 생성된다고 보는 것이다. 그래서 이들을 이론적으로 추정하고 또 수정하며 실험을 통하여 검증하는 것이다. 중성자와 양성자의 비율을 산정하고, 핵입자 밀도 등의 추정을 통하여 초기 우주로부터 남아 있게 되는 배경복사의 존재를 예언할 수 있는데 이런 배경복사는 현재온도로 5K이면 된다고 하는 것이다. 그리고 이런 배경복사가 실제로 관측 되리라고 하는 것은 상상도 하지 않았던 것이다.

그러면 1990년대 초반에는 어떤 생각을 했는가? 지금의 우주론은 40년대보다는 얼마나 많은 진보가 있었을까?

현대의 우주론은 이미 생각 했던 것처럼 공간도 시간도 에너지도 물질도 없는 곳에서 양자역학적 터널효과에 의하여 탄생하였다는 것이다. 왜 그런지는 모르지만 그저 갑자기 어느 날 갑자기이다. 우주는 이처럼 돌연히 아무 것도 없는 무에서 탄생하여 현재와 같은 기묘하고 황홀한 경지에까지 도달하였다고 하는 것이다.

우주가 태어난 순간에는 단지 한 종류의 진동하는 10차원의 초끈에 불과한 것이었다. 이런 우주는 10^{-44}초 후에 6차원이 수축하게 된다. 이 수축에 의해 생긴 우주는 한 개의 시간 차원과 세 개의 공간이 남게 되어 오늘날과 같은 시공이 탄생하는 것이다. 이러한 탄생 당시에는 에너지가 0이다.

물론 강력이라든지 전약 통일력은 10^{-36}초와 10^{-11} 이후에 나타나게 된다. 전약 통일력에서 전기력과 약력이 나누어지게 되는 것이다.

이처럼 최초의 우주는 초극미의 우주이며 탄생의 시점에는 10^{-44}초의 시간과 10^{-34}cm라는 공간을 가지고 있었고 이러한 진공은 상전이를 하게 되는 것이다.

다시 말해 일대 변신을 한다고 하는 것이니 초미세 공간의 우주는 지금과는 아주 다른 우주임을 알 수 있을 것이다. 그러나 상전이를 하면서 부풀어 지게 되는 것이다. 이것을 우주차원의 인플레이션이로 이미 설명 하였다. 무엇 때문이었을까? 그것은 신의 조화도 아니고 단지 진공의 에너지 때문이다.

진공 에너지의 특징은 상전이 이전이 상전이 이후보다 더 큰 에너지를 갖는다는 것이다. 그리고 이러한 상전이때마다, 겉으로 보기에는 하나의 힘이었다고 생각되던 것들이 분리되어 나가기 시작한다.

그러니 강력이 나타날 때, 전약력이 분화될 때가 상전이의 시기임을 알 수 있는 것이다. 그러나 한 가지 중요한 것이 있다 즉 이러한 이론은 단지 가상의 시나리오라고 하는 것을 알아야 한다.

그렇지만 가장 신뢰받고 자신에 찬 과학자의 확신이라고 하는 것도 알아야 한다. 더구나 인류 최고의 물리학자들에 의해 제기된 그리고 여러 천재들 앞에서 검토와 집중 토의를 거친 이론인 것이다. 그러나 반면 이것 이야말로 가장 위험한 1980~1990년대의 가상일 수도 있다. 더 멋진 진상은 여러분이 밝혀주길 바란다. 그리고 그것은 여러분의 몫이다.

이러한 초미세 우주는 차차 시간을 보내면서 새로운 우주를 창생해 가니 이런 이야기들은 찰나의 일이며 순간의 일이며, 불과 몇 분의 일이다. 이 동안의 일들을 전 인류가 수십년이 걸려도 아직 이해하기 어려우며 귀명하기 어려우나 이러한 태초의 일들을 이야기 한다고 하는 것은 놀라운 일인 것이다. 이러한 태초의 우주는 아마도 1천억 도의 온도에서 시작되었으리라 추정 된다. 이때의 밀도는 자그마치 물의 40억 배(4×10^9배)이었다는 것을 추정할 수 있다.

이때에는 입자들이 너무도 빨리 운동하게 된다. 뿐만 아니라 아직 빛도 나타나지 않은 상태이다. 그러니 태초에는 빛도 없었던 것이요, 양성자도 전자도 존재하지 않게 된다. 단지 막연히 알음알이만 있다고 하면 될까. 갓난아기라 한다면 춥다거나 배가 고프다고 하는 등의 기본조건만 인식하게 된다는 것이다.

물리학적으로 본다면 전하나, 바리온수, 렙톤수와 같은 보존량이 작거나 0이라고 하는 것이 전부이다. 이정도의 온도에서는 무거운 양성자나 중성자로 이루어진 물질들이 있었으리라고 추정된다. 폭발의 1/10초에는 300억 도에 이른다. 그러면 이때에는 어떤 일이 일어났을까.

우주에는 전자쌍인 양전자와 음전자, 뉴트리노와 반뉴트리노로 가득 찬다. 그리고 이때에는 광자가 지배적 이다. 뿐만 아니라 이들은 모두 열평형 상태가 된다. 광자가 있었다고 하니 빛이 생긴 셈이며 또한 빛이 전자기파이니 전자기력이 존재함도 의미한다. 물론 전약력이 분화된지 긴 시간이 흘렀으니 당연한 결과이긴 하다. 그러나 온도가 떨어진 만큼 에너지 밀도도 떨어진다. 그 비율은 에너지 밀도가 온도의 네제곱에 비례하므로 이때에는 보통물이 가지는 정지질량 에너지의 약 3000만 배에 이른다. 팽창의 속도는 온도의 제곱에 비례하여 떨어지므로 이에 의한 우주의 특성 팽창 시간은 약 0.2초가 길어진다.

그러나 소립자들은 아직 핵을 형성하지 못한다. 그러나 중성자나 양성자들이 활발히 변화를 일으킨다. 중성자는 양성자보다 무겁다. 그래서 중성자들이 양성자로 변환을 이룬다. 물론 양성자가 중성자가 되기도 하나 그보다는 중성자 쪽에서 양성자로 바뀌는 편이 훨씬 손쉽다. 그래서 이들 사이의 구성은 중성자가 38%이며 양성자는 62%에 달한다.

이후에 점점 시간이 지나서 1초 후에는 100억 도가 된다. 정확히 말하자면 1.09초 후가 된다. 이 무렵에는 온도도 많이 감소되었고 밀도 또한 많이 감소된 때이다. 이것은 뉴트리노라든지 반뉴트리노의 평균 자유 시간이 길게 됨을 의미한다. 이들은 자유입자처럼 행동하고 있다. 그리고 이들의 에너지는 계속해서 우주 중력장의 원천이 되니 이 모든 것을 종합해 보면 중력이 가장 나중에 형성됨을 알 수 있다.

이때의 에너지 밀도는 정지질량의 물이 가지는 정지 질량 에너지에 비하여 38만 배 정도이다. 그러면서 팽창시간은 2초정도 증가하게 되는 것이다. 그리고 이때의 중성자와 양성자의 구성비율은 24 : 76으로 양성자의 비율이 이전보다 많이 증가하게 되는 것이다. 이후로 온도가 30억도가 되려면 약 13.82초가 지난 후가 된다. 이 정도의 온도라면 헬륨과 같은 안정된 핵이 생성될 온도이다.

그러나 처음에는 헬륨과 같은 무거운 핵자는 생성될 수 없고 겨우 중수소나 듀테리움(deuterium)을 형성할 온도이다. 그러나 삼중수소나 3(He^3)과 같은 헬륨의 동위 원소를 생성할 수 있다.

이 후에 헬륨이 형성 될 것이다. 그리고 이때의 온도가 현실감을 가지게 되는 광자들의 온도가 되는 것이다. 전자와 양전자들이 빠르게 사라지기 시작하고 우주의 에너지 밀도는 더 빨리 감소한다. 그리고 양성자의 비율이 더욱 높아져서 83%에 이르게 되는 것이다.

우주 온도가 10억 도 정도로 내려가면 어떨까? 시간상으로는 3분 2초 정도가 될 것이다. 이때쯤이면 우주가 제법 충분히 냉각된 셈이다. 이 정도의 온도라면 태양 중심의 70배에 해당하는 온도이다. 이때에 정식으로 양성자나 중성자들이 출현하니 핵이 합성되는 시기이기도 하다. 그리고 이때부터 중수소핵(deuterium)을 비롯한 복잡한 핵들이 구성되기 시작한다.

온도는 대개 9억 도 정도가 되며 시간상으로는 아마도 3분 46초 정도가 될 것이다. 이때엔 양성자의 비율이 87%에 달하게 된다.

이후로 약 1시간 15분 정도에 도달하게 되면 핵이 되는 과정은 거의 마치게 되며 자유로운 구속 양성자에 대하여 하나의 전자를 가지는 정식의 수소 원자가 나타나게 되는 것이다. 그러나 안정된 원자상태로 존재하기에는 아직 뜨거운 온도인 것이다.

이후 70만 년 동안은 별다른 변화 없이 진행되나 차차 안정된 원자가 출현을 하게 되는 시기인 것이다.

3분의 마지막에 이르면 빛이나 뉴트리노 반뉴트리노(antineutrinos)가 형성되어 우주창생은 거의 윤곽이 잡히게 된다. 이들은 계속 팽창되면서 식어가게 되고 밀도도 점차 작아지게 되니 그 옛날과 오늘은 얼마나 먼 것일까?

이후로 100억 년이 지났다고 하자. 차차 생물이 나타나게 될 것이다. 그리고 인류나 우리의 지혜가 있게 되는 시각은 그야말로 우주에 비하여 눈 깜박할 시간이 아닐까?

빅뱅 이론은 아직 불완전하여 이를 보강한 인플레이션 이론에 의해 보강된다. 이러한 빅뱅 이론은 완전할 수 있는가? 우선 위의 시나리오는 불완전하다. 특히 우주 탄생에서부터 대통일 이론(GUT: Grand Unified Theory) 상전이 까지는 아직 가설 단계에 머물고 있는 실정이다. 그 외에도 아직 빅뱅 이론으로는 설명할 수 없는 부분이 몇 가지 있다.

우선 대 폭발의 원초 물질은 무엇인가? 하는 점이다. 이문제의 해답을 '스티븐 호킹'이 하고 있다. 그것은 '태초에 특이점이 있었다'라는 그의 논문이다. 이것은 양자역학적인 터널효과를 시사해 주는 논문이다.

그러나 원초적인 이 문제는 빅뱅 이론의 가장 중심적인 문제가 될 것이다. 대폭발을 일으킨 맨 처음 덩어리는 어디서 왔으며, 초 고밀도의 에너지(질량) 덩어리는 어디서 왔고, 처음 폭발은 어디에서 일어났냐는 것 또한 어떤 과정을 거쳐 별들이 현재의 우주와 같이 분포 되었는가 등의 근원적인 문제에 관해서는 전혀 대답하지 못한다. 빅뱅 이론을 설명하는 현대 물리학도 우주의 시작을 10^{-43}초 후부터야 설명이 가능하다. 그 이전의 문제는 스티븐 호킹의 논문에서 말하는 무에서부터 태어난 우주가 된다.

관측 결과를 보자 빅뱅 이론에 의한 우주는 적색이동에 의해 추정할 때 100억 광년 이상 떨어져 있는 먼 우주는 아주 멀리 떨어진 우주이다, 이것을 생각하는 가장 멀리 있는 천체의 경우, 빅뱅 이론에 의하면 빅뱅(대폭발)의 초기 상태이므로 은하 상태가 아니라 원시 성간물질의 형태일지도 모른다. 현실은 그렇지 않다. 관측결과에 따르면 완전한 형체를 가진 은하가 빠른 속도로 팽창하고 있다. 그 넘어는 무엇인가? 우주의 생성을 설명하기 위해 생각하여야 할 점이 많은 것이다. 그러나 이런 이론들을 배경으로 우주의 역사 연대기를 나열해 보면 다음과 같다.

2. 우주 역사 연대기

1) 10^{-43}초에서는 10^{32}의 온도 영역

빅뱅이 이루어지는 영역으로 진공에서 우주가 탄생한다. 하나로 통일되어 있던 힘에서 중력이 분리되어 나간다. 우주가 무에서 탄생하여 터널효과에 의해 초미니 우주가 태어난다. 그 크기는 소립자 보다 작은 초미니 우주이다(지름 10^{-34} cm), 하나로 통일되어 있던 힘에서 중력이 분리되어 나간다. 높은 진공의 에너지는 반발력이 되어 우주공간을 급격히 팽창시킨다. 이 팽창과 더불어 시간과 공간이 확장되어 간다.

2) 탄생 후 10^{-36}초 10^{28}K후

상당 정도의 인플레이션이 진행된다. 팽창속도가 비정상적으로 커지기 때문에 10^{-34}초 온도 10^{27}K영역이면 10^{29}배 까지 팽창한다. 이 영역에서 자기 단극자가 생성된다.

이 영역은 대통일 이론(GUT)으로 설명되는 영역으로 상전이가 이루어지고 대단한 우주 인플레이션이 일어나는 영역이다. 에너지와 물질 사이의 전이가 일어나 최초의 물질이 탄생한다. 강한 상호 작용이 분리되며 급격한 초 팽창이 일어난다. 인플레이션(급격한 팽창)이 일어나 진공의 상전이로 에너지가 풀려나와 빛의 에너지로 가득한 불덩이(빅뱅)가 된다.

빛 → X + bar X → 쿼크 + 반쿼크 + 렙톤 + 반 렙톤 상대론 → 에너지와 물질 전이가 이루어진다. 대량의 쿼크 렙톤과 그 반입자들이 만들어진다. 비대칭성인 물질과 반물질이 강한 상호작용 분리(GUT 상전이)가 일어나고, 최초의 물질이 탄생하게 된다. X입자가 질량을 가지게 되는 것이다. 또한 자기 단극자 탄생한다. N 또는 S극의 자하를 갖는 소립자이다. 우주의 급냉 진공의 변형으로 일어나는 진공의 화석이라고 볼 수 있다. 진공의 에너지에 의해 급격한 인플레이션이 일어나는 이 영역은 빅뱅의 팽창보다 훨씬 격렬한 영역이다.

갓 태어난 초미니 우주 → 인플레이션 → 거대 우주로 진화하게 된다.

인플레이션을 일으켜 팽창하게 되는 경우 이것이 다시 소멸하는 경우보다 우주 퍼텐셜에너지를 낮출 수 있는 방향으로 진행하게 된다. 이것이 우주 진화의 과정이다. 자연은 이치상 안정을 추구한다. 즉, 자연은 에너지가 낮은 상태로 진행하게 된다. 우주의 퍼텐셜 에너지는 우주의 반지름이 커질수록 작아지기 때문에 이 방향으로 진화하면서 보다 안정해진다. 인플레이션 우주는 우주가 낮은 에너지 상태로 바뀌도록 만든 사건이다. 이것을 요약하면 '우주는 일단 태어나면 인플레이션을 일으키고 거대 우주로 진화하는 과정을 겪는다.'

광자 → X 입자와 반 X입자 → 쿼크 + 반쿼크 물질과 반물질은 근소한 차이로 물질만이 남게 되었다고 본다. 10^{15} 10^{-11} 10^{-15} 영역에서 각기 약한 상호작용과 전자기 상호작용의 분리 10^{12} 10^{-4}~10^{-12}이면 쿼크가 핵자를 형성하기 시작한다. 양성자나 중성자 쿼크가 가두어진다

다원 우주는 진공의 상전이로부터 설명되어지는 이론이다. 이것은 우주의 도처에서 일어나고, 무수한 딸 우주가 형성된다. 화이트 홀이 탄생된다. 평탄한 우주이며 빛과 물질을 토해 내는 우주이다. 인플레이션이 길어지면 주위의 시공과 단절되어 탄생 10^{27} 10^{-34} 영역에서 반물질의 소멸이 예상된다.

3) 초팽창(inflation)시대

상전이가 일어나는 동안만 지속되는 과정으로 다시 자세히 언급 하였다. 매 10^{-35}초 마다 2배씩 증가 우주는 10^{-50}배로

커진다. 이때의 온도는 자그마치 10^{23}K로 된다. 이런 우주를 다원우주(우주의 다중 발생)이라 하여 부모우주에서 자식우주로 인플레이션이 진행하는 과정이다. 고정중(고온) 진공의 상전이 발생. 우주의 높은 에너지의 낡은 진공은 낮은 에너지의 새로운 진공으로 상전이가 되면서 진화한다.

4) 우주 탄생 10^{-11}초 지나면 온도는 10^{15}이다

아직은 역시 대단한 고온 이 온도 영역에서 약력이 분리되어 나간다. 1983년 CERN의 실험으로 확인되었다. 전자기력과 약력의 통합이론이 이 부분을 뒷받침한다. 예측한 입자 발견. W^+ − 입자와 Z^0 입자의 질량이 밝혀졌다. 이 영역의 실험에 81GeV와 91GeV의 대단한 에너지가 동원되어 높은 에너지의 충돌 실험 결과 이런 사실이 밝혀졌다.

온도(K)나 시간(초) 수축률에 대한 시간개념을 이해하기 위하여 우리는 우주진화와 주요사건을 비교할 수 있을 것이다. 10^{32}에서 10^{19} GeV 10^{-43} 10^{-33} 빅뱅. 시간의 양자적 흔들림이 작아진다. 시간 공간 물질 탄생. 밀도 10^{92} g/cm^{-3} 10^{28} 10^{-35} 10^{-28}이다

5) 1/1000억초

이 시점의 시간이 지나면서 온도는 1천조의 온도로 하강한다. 이 시점에서 약한 상호 작용과 전자기 상호 작용 분리가 일어난다. 약력을 매개하는 입자가 존재한다는 것이 1983년

CERN의 실험으로 확인되었다.

6) 1/10만초 지난 시점이면 우주

온도는 1조 도까지 떨어진다. 아직도 대단히 높은 온도이다. 이 영역에서 쿼크가 핵자 안에 가두어지는 영역이다. 이 온도에서 핵의 합성이 일어난다. 쿼크가 서로 결합하여 핵자를 생성한다. 양성자와 중성자가 결합하여 헬륨 등의 핵합성이 시작된다.

7) 0.1초 후

양성자와 중성자로. 쿼크가 강입자로, 뉴트리노가 자유롭게 된다.

8) 우주 탄생 1초 후 (온도 K)

중성미자가 자유롭게 되어 우주 공간을 날아다니기 시작하며, 중성미자는 우주진화에 더 이상 참여하지 않게 된다. 또 양성자가 중성자와의 상호 붕괴도 멈추게 되고 중성자만이 베타붕괴에 의해 양성자로 전환될 수 있게 된다.

9) 우주 탄생 후 1분

양성자와 중성자가 결합하여 핵합성이 시작된다. 많은 중성자들이 He의 핵 형성에 참여한다. 팽창으로 인한 우주의 급격한 냉각으로 가벼운 원소 주로 H와 He이 많이 만들어진다. 이 원소들은 후에 별들의 원료가 된다. 만일 우주의 냉각이 천천히 일어났으면 가장 안정한 원소 Fe이 만들어졌을 것이다.

10) 100초 후

He이 형성되는 시기이다. 헬륨이 만들어지기 시작하면(3억 1000 10^{-8}) 원소의 합성이 거의 끝나는 단계이다. He와 H 원자핵 생성되면, 광자와 전자의 충돌 산란이 시작되나 우주는 아직 불투명한 플라즈마 상태이다.

11) 태초 3분이 지남

우주의 온도는 10억 도까지 떨어진다. 원소의 핵 합성이 멈추게 되는 영영이다. 수소와 헬륨의 원자핵 생성이 끝난다.

핵 합성이 멈춘 결과 생성된 양성자인 수소원자의 핵과 알파입자인 헬륨의 원자핵의 비율이 약 3:1이다. 이것은 현재 우주에서 발견되는 비율과 일치한다. 중수소핵이나 3He는 미소량에 불과하다. 이 사실은 빅뱅우주론의 또 다른 증거가 되었다. 이때의 우주는 플라즈마 상태로 원자핵인 주로 수소와 헬륨의 원자핵인데 전자는 원자를 구성하지 못하고 뿔뿔이 흩어져 날아다니는 상태에 있었다. 빛이 전자에 의해 산란되어 빛이 먼 거리를 이동하지 못하여 우주는 아직 흐림 상태이다. 마치 짙은 구름 속에서 앞이 보이지 않는 상태와 같다.

12) 10만년

10만년 시간이 흐른 시점 에서는 온도가 1만 도에서 3000 도까지 떨어진다.

우주의 맑게 갬(He원자와 H원자 생성)되고 초은하와 우주에 거대한 공동을 형성하게 되는 시점이다. 전자와 원자핵이 서로 결합하여 원자를 형성하고 우주는 맑게 갠다. 빛은 자유롭게 되어 우주 공간으로 퍼져가고 우주의 팽창과 함께 파장이 길어져 간다. 이 빛이 우주 배경 복사로 관측된다. 드디어 빛이 탄생되게 되는 순간이라고 볼 수 있다.(플라즈마에서 중성자로 그러니 우주는 맑게 개임 이것은 우주가 열린다는 의미이고 빛난다고 보아야 한다. 은하 형성 개시 10억년이면 퀘이사와 거대 블랙홀 탄생하는 시점이다. 은하와 별의 탄생한다. 준성, 은하 등에서 에너지 생성이 시작된다.)

이제 빛은 우주를 자유롭게 날기 시작하여 우주는 맑게 갠다. 이때부터 물질과 복사가 분리되고 중력만이 우주진화의 주역이 된다. 이때 자유롭게 된 빛은 우주의 팽창과 함께 우주공간으로 퍼져 가고(도플러 효과) 그 온도도 우주의 팽창과 함께 계속 낮아져 간다. 이 빛이 1965년에 펜지아스와 윌슨이 발견하였던 우주 배경복사이다. 펜지아스와 윌슨은 우주의 모든 방향에서 오는 같은 파장의 전파 포착하였고 그 온도는 정밀하게 측정한 결과 2.73 K에 해당함이 밝혀졌다. 이것이 역 추적에 의하여 밝혀진 우주 탄생 약 10만년 후 4000

K에서 자유롭게 우주공간으로 방출된 빛인 것이다.

13) 10억 년 이후

우주 온도가 10도 까지 떨어진다. 퀘이사와 거대 블랙홀이 탄생하고 은하와 별이 탄생하는 시기이다. 별이 생기는 무렵이 이때가 된다. 맑게 갠 우주는 계속 팽창하며 조용히 식어간다. 조용한 우주에서 밀도 요동에 의해 별과 은하 등의 천체와 은하단, 초은하단과 같은 거대구조가 형성된다.

별의 중심부에서는 핵융합반응이 시작되어 무거운 원소 (C, N, O 등)가 만들어진다. 이 원소들이 별의 폭발로 우주에 흩어져 행성의 재료가 된다. 지구는 이렇게 탄생된 별로부터 적당한 거리에 위치하여 수소와 산소로 구성된 액체상태의 물이 표면에 많이 존재하고, 또 물속에 녹은 탄소와 질소가 유기물을 생성하고 그것이 생명체의 씨앗이 되었다.

14) 100억년 이후

행성과 생명의 탄생한다. 우주온도는 5도 까지 하강한다. 2세대의 별이 탄생한다. 행성과 생명 탄생하는 시기이다. 은하계 내에서 제 2세대 별들이 탄생한다는 것은 항성 주변에 지구와 같은 위성이 탄생되는 시점이어서. 별들 주위에 행성계가 형성된다. 행성 안에 생명이 탄생한다.

15) 150억년 지남

지금의 우주. 빅뱅이후 오늘에 이른다. 우주온도 3도(절대온도) 이것이 우주 탄생의 시나리오이다.

제6장 우주의 이해

1. 정상상태의 우주론

대폭발 이론의 여러 가지 문제점들에 대한 반박으로 제시된 이론이 정상상태이론이다. 이 이론은 1948년 본디(Herman Bondi)와 골드(Thomas Gold)가 제안하였으며, 1963년 호일(Fred Hoyle), 나트릭(Natlik)과 같은 저명한 천문학자들이 마하 원리와 결합시켜 강화한 이론이다. 은하들이 허블의 관측대로 멀어지고 있는 것을 인정하며, 자연히 생기는 빈 공간은 우주공간에서 물질이 끊임없이 생성되고 있다고 주장한다.

따라서 우주는 옛날이나 지금이나 항상 같은 모습을 유지하며, 공간적으로도 모든 지점에서 거의 동일하게 보인다는 이론이다. 사실 이 이론은 우주가 시간과 공간적으로 무한하고 과거와 현재 모두 동일한 모습을 하고 있다는 고대 그리스 자연 철학자들의 사상을 계승하는 것이다.

정상상태 이론에서는 대폭발 이론과는 달리 관측자가 어디에 있든 언제 관측하든 모든 물리적 현상들이 똑같이 일어난다고 가정한다. 우주가 팽창하고 있는데도 과거나 미래가 현재와 같다고 할 수 있는가 하는 문제를 설명하기 위해 정상상태이론을 지지하는 사람들은 물질(수소)이 우주 공간의 아무 것도 없는 상태에서 계속적으로 만들어지고 있다고 가정한다. 이들이 계산한 바에 의하면 30만 년마다 $1m^3$의 공간에 1개의 수소 원자가 저절로 만들어진다고 한다. 그리고 이런 과정을 '계속적 창조'라고 부른다. 우주가 점점 팽창하고 천체 사이가 멀어짐에 따라 새롭게 만들어진 공간에는 새로 만들어진 물질로 채워지며 이런 연속적인 과정을 통해 과거의 은하는 물러가고 새로운 은하가 만들어진다고 본다.

1) 정상상태 우주론의 난점

정상상태 우주론은 몇 가지 난점을 지니고 있다. 그것은 전체 자체를 설명할 수 없다는 것이며, 우주배경복사와 퀘이사에 대한 설명을 할 수가 없다. 우주에 마이클파의 배경복사는 확실한 관측상의 사실이다. 이 이론은 우주 어느 방향에서나 관측되는 우주배경복사의 존재를 설명해주지 못한다는 난점이 있었던 것이다.

2) 퀘이사

정상상태 우주론에 따르면 우주는 시간의 흐름에 상관없이 언제나 같은 모습을 하고 있어야 하고 있어야 한다. 그러나 은하 형성의 초기 모습으로 판명되는 퀘이사의 발견은, 이것이 '과거'의 우주에만 존재한다는 사실을 말해준다.

3) 인과율

빈 공간에서 물질들이 연속적으로 생성된다는 대가정은 과학의 인과율(Cause and Effect law)에도 위배되는 납득하기 힘든 이론이다.

4) 이론 포기의 배경

과거 이 정상상태 이론은 한동안 인기가 있었지만(1959년 24%) 이러한 약점들에 지금은 거의 받아들여지지 않고 있다.(1980년 2%) 게다가 우주배경복사가 발견된 해인 1965년, 호일은 이 이론을 포기했다고 한다. 정상상태 우주론을 요약하면 다음과 같다.

1. 무한히 오래되고 무한히 큰 우주가 끊임 없이 팽창.
2. 팽창에 의해 생긴 공간을 채우기 위해 무에서 저절로 물질(수소)이 만들어짐
3. 저절로 만들어진 수소가 응축되어 행성, 혹성, 위성, 혜성, 동식물, 인간이 진화됨.
4. 호일은 "새로운 물질에 대한 질문은 무의미하고 무익하다고" 말함.
5. 17년 뒤 호일은 이 이론을 포기함(Nature, 208 : 113, Oct.0, 1965)

2. 빅뱅 우주

정상상태 이론이 힘을 잃은 이유가 빅뱅 이론이 완벽했기 때문은 아니었다. 빅뱅 이론은 그 사실 자체는 합당 하더라도 사건을 설명하기에는 불충분 하다는 나름의 난점을 지니고 있었다.

3. 우주의 균질성

마이크로파의 배경복사 결과로 우리는 어떤 일을 알 수 있는가. 배경 복사 사실은 많은 것을 시사해 준다. 그중의 하나가 우주가 매우 균일 하다는 것이다.

우주는 매우 균질하다. 지구에서 관측할 때 우주 지평선상에서 볼 때 서로 반대쪽에 있는 은하는 그 조성이나 밀도, 물질 분포가 매우 유사하다. 우주의 지평선이라는 것은 지구에서 볼 때 빛으로 관측되는 우주의 끝을 말하는 것이다. 지그 보이는 빛은 우주의 끝에서 도달하였다고 해도 좋을 것이다. 그렇기 때문에 이 빛은 정말로 오래전에 출발한 것이다. 그래서 가장 먼 곳의 우주를 본다는 것은 과거의 우주 모습을 보는 것이며 가장 오래된 우주는 우주 배경 복사가 보여주는 우주이다.

우주 배경 복사는 우주의 모든 방향으로부터 도달한 것이다. 이것들이 매우 균일한 모습을 보이고 있다. 이것은 모든 방향에서 모두 온도가 같다는 것을 말한다. 초기의 우주가 매우 균질했다는 것을 알 수 있다.

사실 초기의 우주는 양자론 적으로 극히 고온에서 요동치는 아주 불안한 상태였다. 마치 어디로 튈지 모를 매우 불균질한 우주로 생각되기 때문이다.

우주 대폭발 이후에 연이은 인플레이션은 우주초기 상태인 우주가 극히 작은 세계였을 때부터 오늘날과 같은 거대한 우주가 되기까지 인플레이션 치고는 너무도 급격한 과정을 이어왔다. 그 과정은 정말 순식간에 일어났다. 즉 당시의 우주는 아주 작고 균일한 상태여서 어떠한 불규칙성도 여기에 끼여들 여지가 없었다. 바로 이러한 상태로부터 이어진 우주의 인플레이션은 매우 급격한 팽창을 거쳐 오늘날의 우주가 되었다. 이러한 급격함 때문에 현재의 우주는 균질성을 가질 수밖에 없다. 우주의 균질성은 우주 인플레이션 덕분인 것이다.

4. 초기 우주의 편평성 문제
(the flatness problem)

대폭발이론의 장방정식을 자세히 살펴보면, 현재의 우주가 '열린' 우주이거나 '닫힌' 우주이거나 과거 초기 우주의 모습은 거의 완벽한 '편평' 우주에 가까운 구조를 지니고 있다. 예를 들면 강력히 분리되는 대통일장 시기에 우주는 대략 10^{-52}의 오차범위 내에서 '편평' 우주가 된다. 이는 매우 받아들이기 힘든 초기조건인데, 만약에 신이 우주를 창조했다면 모든 물리상수 들을 10^{-52}의 오차한계만 허용하는 '정밀성'을 갖고 작업을 했어야 한다는 의미다.

이러한 우주의 편평성은 중요한 문제이다.

우주에 인플레이션이 발생하면 주어진 크기의 우주지평선은 원래 크기의 10^{28}배 이상으로 자란다. 여기서 우주지평선이란 주어진 우주나이에 빛이 주파할 수 있는, 즉 물질간 상호작용이 가능한 최대 거리를 말한다. 우주에서 발생하는 대규모 팽창을 생각해 볼 때 생기는 첫 번째 현상은 곡선이 '편평'하게 펴지는 것이다. 곡선에 직선화현상이 생긴다는 것이다. 곡선의 곡률리 그 곡률반경이 커지만 곡률이 0이 되는 이치를 말한다. 동전을 아주 확대 시킨다고 하자. 동전의 테두리는 굽어있는 것이 아니라 직선처럼 보일 것이다. 지구를 보라 지구가 구인가 구라고 보기 힘든가, 지평면은 얼핏 관측하기에 직선 즉 평면처럼 보인다. 동전이 지구만큼 커졌을 때는 수평선과 같은 직선으로 보이게 된다. 이것이 바로 인플레이션이 제공하는 초기 '편평' 즉 급격히 팽창하는 우주는 편평성이 있었다. 그럴 수밖에 없는 것이다.

5. 우주의 지평선(the horizon problem)

현재 관측 가능한 우주의 크기는 대략 1 억 광년, 우주의 나이는 대략 1백~2백억 광년으로 추정된다. 이를 바탕으로 우주의 나이가 10만 광년 정도일 때에 현재 우주의 크기를 계산해보면 대략 1천만 광년 정도로 나온다. 그런데 문제는 우주 생 후 10만년 간 달린 빛의 최대 주파거리는 10만 광년보다 클 수가 없다는 점이다. 그렇다면 빛이 달려도 도달할 수 없는 거리에서 발생한 이 복사선이 어떻게 마치 약속이나 한 듯 같은 온도를 가질 수 있는가에 대한 의문이 바로 우주 지평선 문제다.

1979년 미국의 앨런 구스(Alan Guth)는 빅뱅 우주론의 문제점을 해결해 줄만한 명쾌한 이론을 내놓는다. 그것이 바로 인플레이션(inflation, 초팽창) 이론인데, 인플레이션이라는 말은 태초에 우주가 갑자기 엄청나게 커졌다는 것을 의미한다. 즉 우주가 처음에는 천천히 커지다가 인플레이션이 일어나 부쩍 더 빨리 커진 후 다시 느린 팽창 속도로 돌아간다는 이야기이다.

앞의 우주론의 역사에서 살펴본, 아인슈타인이 도입했던 우주 상수는 은하와 은하를 서로 밀쳐 인플레이션이 일어나는 원인을 제공할 수 있다. 그리하여 한동안 아인슈타인의 실수로 여겨졌던 우주상수는 오늘날에 이르러 기사회생하게 되었다.

인플레이션이론에 따르면, 유일한 힘이었던 초강력이 오늘날 자연계의 기본적인 4힘, 즉 중력, 전자기력, 강력, 약력으로 쪼개지면서 인플레이션이론의 동력을 제공하였다. 이 과정은 창조의 특이점이 형성된 직후 10^{-34}초가 경과할 때마다 두배의 크기로 불어났다는 것이다. 예사롭게 들릴지 모르겠으나 이는 10^{-33}초 후에는 우주가 처 음 크기의 2^{10}배가 됨을 의미 한다. 또 10^{-32}초 후 에는 처음의 2^{100}배 크기가 된다. 한순간에 50원짜리 동전이 100억 광년의 크기로 바뀌었다는 얘기다.

또 인플레이션이 일어날 때 공간의 팽창속도는 아인슈타인의 속도의 극한에 의해 제한을 받지 않는다. 즉, 아인슈타인의 특수상대성이론에 따르면 공간을 통해 움직이는 어떤 물체도 빛의 속도를 능가할 수 없다는 것이다. 말하자면, 인플레이션에 의한 팽창의 속도는 빛의 속도를 능가한다. 이 부분은 개인적인 생각으로 아직 설명이 미약한 것 같다. 우주의 팽창이란 공간 그 자체가 뻗어나가는 것이기 때문이다. 시간, 물질(혹은 에너지)과 마찬가지로 공간이란 우주의 탄생과 더불어 생겨난 것이고, 그것이 생겨난 이후 지금까지 쉼없이 팽창해오고 있다. 이러한 인플레이션 이론은 빅뱅 이론의 많은 점을 보완해 주었다.

그러나, 이것은 쉽게 이해할 수 있는 문제이다. 인플레이션 이론에 따르면, 현재 관측되는 우주란 인플레이션을 통하여 원래 크기의 10^{28}배 커진 '한 개'의 우주지평선 이내의 지역에 해당한다. 그러므로 같은 우주 지평선 이내의 지역에서 발생된 우주배경복사선의 온도가 방향에 상관없이 거의 같은 온도를 지닌다는 것은 쉽게 이해할 수 있다.

제7장 천체물리학

1 터널효과

유와 무의 관계를 우주의 탄생이나 우주의 구조와 관계 지을 수도 있을까? 현재의 이론에 의하면 우주는 무에서 양자역학적인 터널효과에 의하여 탄생하였다고 한다. 그렇다면 양자역학은 무엇이고 터널효과는 무엇인가? 물체를 던지면 땅에 떨어진다는 사실을 경험으로 안다, 인공위성의 고도나 속도, 천체의 운동 등을 설명한다면 이런 것들을 고전물리학이라고 한다.

우리가 알고 있는 전기현상이나 빛의 진행 등은 모두 눈에 보이는 관측을 바탕으로 하여 이들 체계를 설명하는 물리의 한 영역이다. 그런데 현미경이 나오고 눈에 보이지 않는 미시세계가 발견되었다.

이러한 미시세계의 운동이나 미시현상을 설명하는 데에도 고전역학은 역시 유용한가? 원자의 세계나 소립자의 세계를 설명하려면 고전역학으로는 부족하다. 그래서 이러한 새로운 세계를 설명하는 새로운 수학 체계가 있으니 이것을 양자역학이라고 한다.

'양자라고 하는 것은 아주 작은 알갱이다'하고 이해하면 된다. 얼마나 작은 알갱이인가? 원자나 원자 이하의 크기를 가지는 소립자의 세계를 다루는 이론적 배경에서 탄생하는 개념이다.

터널효과는 무엇인가?

이것은 아주 중요한 개념이다. 그러나 근본적인 착상은 간단하다. 예를 들어보자, 원자핵은 핵력이라는 강한 힘으로 묶여있다. 이것은 마치 핵입자(핵자)가 어떤 장벽이나 그릇 내에 둘러싸여 있는 것과 같다. 이것을 포텐샬 장벽(potential barrier)이라 한다.

이 장벽을 넘으려면 핵자는 장벽보다 에너지가 높아야 한다. 그렇지 못하면 영원히 장벽 내에 갇히게 된다. 고전역학이라면 핵자가 밖으로 튀어 나올 수 없다. 그러나 양자역학에서는 핵자의 에너지가 낮음에도 불구하고 장벽의 밖으로 핵자가 튀어나올 확률이 있으니 이것을 설명하는 이론이 터널효과인 것이다. 방사능 물질에서 알파 입자가 튀어나오는 것도 이러한 터널 효과에 의해서 일어나는 것이다.

그러면 다시 본론으로 돌아가자. 우주의 태초에도 이러한 양자역학적인 터널효과에 의하여 우주가 탄생하게 되며 이러한 갓 태어난 우주는 아주 미세한 우주이었다. 그러나 탄생한 우주가 부풀어 오르게 되니 말하자면 인플레이션을 일으켜 거대한 우주가 되었다고 하는 것이다.

인플레이션이 한창일 때에는 낡은 우주 안에 새로운 우주가 거품처럼 퍼졌다. 남아있는 낡은 우주는 우주의 틈(벌레구멍, worm hole)에 의하여 다른 우주인 아들 우주와 손자 우주로 퍼져 갔다고 하는 것이다. 이러한 이론이 아직은 생소 할지는 모르나 최근에 가장 화재가 되고 있으며 많은 사람들이 공감하는 이론이니 여기에 맞추어 소개하고자 한다. 물론 이런 이론들이 낡은 이론이 되길 바란다. 그렇다면 우리는 진리에 한발자국 더 나아간 것이 될 것이다. 그러나 지금까지의 이론은 우주가 무에서부터 생겼다고 하는 것이다.

그러면 우리는 최근에 화재가 되고 있는 우주의 대구조론에 촛점을 맞추어 보다. 특히 알렉산더 바렌킨(Alexander Vilenkin, 1949년 소련태생, 태프론 대학(Tufts University)의 물리학과 교수로 1976년 도미 현재 미국 국적을 취득하였으며, 그의 주요 논문인, 우주의 끈(Cosmic string), 무로부터의 우주창생(Creation of Universes from Nothing))의 이론을 중심으로 살펴보겠다.

바렌킨은 스티븐 호킹(S. Hawking: 1942~, Chambridge University)과 더불어 우주 탄생이론을 설명하기 위하여 우주 창생에 대한 전혀 새로운 이론을 전개한 사람이다. 이것이 양자우주론(量子宇宙論)이며 우주의 탄생과 천체의 탄생을 설명하려는 이론이다. 이들 이론에 의한다면 우주는 특이점(singular point)이라는 한 점에서 탄생 하는 것이 아니라 시간도 공간도 없는 무 상태에서 태어난다는 이론이다. 먼저 이 이론의 배경을 살펴보자.

우주에 있는 은하나 별들의 분포는 어떠할까? 말하자면 우주에 있는 물질의 분포는 어떠한가? 실험적 사실들에 의하면 우주의 은하는 별들이나 물질의 분포는 균일 하지가 않다는 것이다.

우주의 구조는 수억 광년에 걸친 '초은하단'이 있고, 은하가 존재하지 않는 거대한 동공(空洞)인 대구조(대규모구조)로 이루어져 있다. 그런데 이러한 대구조는 물질이 아무 것도 없는 공동이라고 하는 것이다. 실로 이와 같은 대구조는 그 끝조차 모를 정도이며, 지금까지 알려진 바에 의하면 약 10억 광년 정도의 구조로 밝혀진 셈이다. 10억 광년이라고 한다면, 우주 반지름의 10분의 1정도이며, 이 대구조론은 지금까지 생각하던 우주가 균일하고 등방적이라고 보는 가정조차 수정해야 할지 모를 판이다.

은하는 이와 같은 공동에 부착되어 있는 모양을 하고 있으며, 이러한 우주는 일제히 어떠한 일정한 방향으로 이끌리어 가고 있는 모습을 보인다. 이처럼 우주가 흘러가고 있는 것을 '우주의 대유동'이라고 한다. 이것은 얼핏 생각해 보아도 상당히 설득력이 있어 보인다. 예를 들어 구름을 생각해 보면 쉽게 이해 될 것이다.

구름은 땅에 닿아 있는 것도 있지만 대부분의 구름을 보면 마치 무한히 널리 퍼져있는 대기의 요위에 뭉게뭉게 피어 있는 모습을 보인다. 이러한 구름을 위에서 본다면 마치 구름이 어떤 기체라고 하는 거대한 표면 위에 붙어있는 모습을 보인다. 이것은 마치 바다위에 떠있는 거대한 중성세제의 거품과도 같다.

우주의 모습도 이와 같다는 것이다. 그러나 아마 다른 것들도 이와 같은 모습이 아닐까 하는 생각이 든다. 관측에서 확인된 이와 같은 사실은 우주의 거대한 벽(great wall, 1989년)이라고 불리는 구조임이 밝혀졌다.

그런데 같은 해에 알려진 새로운 사실은 은하가 지구를 중심으로 약 4억 광년을 두고 주기적으로 분포하고 있다고 하는 것이다. 이 이론은 일본의 물리학자 모리씨가 이론적인 설명을 시도하고 있다. 관측에 의하면 은하가 밀집해 있는 영역은 20개 정도가 되고 그렇다고 한다면 이들이 대개 4억 광년의 거리를 유지하고 있으니 우리가 관측할 수 있는 범주는 우주의 절반에 해당하는 약 80억 광년에 해당한다. 자연은 참으로 묘한 것이다. 왜냐하면 우주의 분포마저 주기를 이루고 있다고 하는 매우 흥미 있는 결과가 나왔기 때문이다. 이와 같은 대규모의 주기적인 우주를 설명하는 이론이 우주 인플레이션이다.

이 이론은 소립자의 '통일이론'이 밝혀준 '진공의 상전이'라는 현상을 우주에 응용한 것으로, 1980년과 1981년 사이에 걸쳐서 나온 이론이다. 다시 말하면 우주 대폭발설에 의하여 우주는 지극히 짧은 시간에 매우 급격한 대팽창을 하게 되는 것이고, 이때에 우주는 시간도 공간도 생각할 수 없으며, 물질도 에너지도 존재하지 않는 완전한 무(無)의 상태로부터 양자 역학적인 터널효과에 의하여 태어난다고 하는 것이다.

이때의 우주끈이라고 하는 것은 초창기의 우주에 나타나게 되는 매우 뜨거운 암흑물질로 설명하고 있으며, 양자론에 의하여 설명되어지는 이러한 사실은 극미의 우주인 상태로 무에서 탄생하는 것이다. 시간도 공간도 생각할 수 없는 무의 상태에서, 에너지나 시간 공간 등이 부단히 요동하는 또 다른 상태인 극미 우주가 태어나는 것이다. 요동하는 극미의 우주는 에너지가 무한히 꽉 차 있으며 반지름의 크기가 10^{-33}cm 정도, 시간으로 볼 때는 10억분의 1초정도의 아주 짧은 시간이 요동치게 된다.

우주의 기본상수인 플랑크 상수나 불확정성 원리 등의 법칙이 출현하게 되는 것도 이때부터가 된다. 그러나 이때에는 아직 시간이나 공간의 개념이 확실하지 않고 불규칙 하다고 볼 수 있겠다. 우주는 이렇게 하여 시작된다. 그리고 이러한 대폭발 시점의 초기 이론으로 인플레이션 이론은 훌륭하다. 인플레이션 되는 과정에서 여러 상태의 변화를 겪게 되니, 우주끈 이론이나 다른 여러 이론이 있어서 우주 탄생을 설명하게 하는 것이다. 우주끈 이론을 생각해 보기로 하자. 이외에도 폭발 설이나 하이브리드 모형 판케이크(pancake)이론 덩어리이론(clustring theory) 등이 있다.

초기의 우주는 주기성을 가지나 아주 밀도가 작게 된다. 그러나 이것이 아주 급격한 팽창을 하게 되면서 대규모의 구조를 띄게 되며 또한 주기성을 가지게 되는 것이다. 우주창생 이론에 의한 구체적인 시공의 모습은 어떤가? 우주는 1초도 안되어 급격한 대 팽창을 하였다는 것으로, 최초의 시점으로부터 따진다면, 탄생으로부터 10^{-34}초 이후에 이르는 시점으로부터 겨우 수십 배의 시간이 흐르면서 벌써 1000서(抒, 10^{27})의 크기로 부풀어 오르게 된다는 것이다. 이만큼의 크기로 부풀어 오른다는 것은 광속보다 훨씬 빠른 속도 이어야 하니 인플레이션 치고는 대단한 인플레이션인 셈이다.

이러한 우주는 초기의 대단히 높은 온도에서 차차 내려가면서 몇 차래의 상전이가 생기게 된다.

상전이 현상을 쉽게 말하면, 물질의 3상태인 기체, 액체, 고체 사이에서 상태가 변하는 것을 의미한다. 즉 기화나 액화, 승화, 응축, 융해 등은 일반적으로 잘 알려진 좋은 예이다. 그러나 이런 현상은 액체 내에서나 고체 내부에서도 흔히 볼 수 있다. 액체 헬륨 내에서 볼 수 있는 현상으로 헬륨Ⅰ에서 헬륨Ⅱ로 되는 것이 있다. 고체가 냉각할 때에도 흔히 나타난다. 고체의 온도를 고온으로부터 천천히 내리면 고체의 분자배열이 변하는 때가 있다. 철에서 볼 수 있는 강자성체와 상자성체의 전이 등은 고체 내부에서 생기는 상전이의 좋은 예이다. 우주도 이처럼 몇 차례 우주의 상태가 변하게 되는 상변이를 거치게 된다는 것이다. 상변위에 있어서 특기할 만한 것은 결함(diffect)이라고 하는 것이 나타나는 것이다. 고체가 고온에서 냉각할 경우 균일하게 원자가 배치되는 것이 아니라 결정에 금이 간다든지 때로는 원자의 배열이 어긋나는 경우로 나타난다.

이러한 것을 결함이라고 하는데 고체물리에서는 흔히 볼 수 있는 일상적인 일이며 소립자 물리학에서도 이러한 결함이 예언되고 있다.

그러면, 우주에서의 결함은 어떤 상태인가? 결함은 때로는 면 모양인 경우도 있고 선이나 점의 형태를 취하는 경우도 있다. 이들을 각각 벽의 영역(domain wall), 우주끈(cosmic string), 단극(monopole)이라고 부른다. 이들은 나름대로 여러 각도로 연구되며, 물리학자들의 주목을 끌고 있다. 단극(모노폴)의 경우도 우주의 급속한 팽창 시 생기는 상전이와 관련하여 이때에 생기는 원초적인 힘을 이해하는데 절대적인 위치로 등장하게 되는 것이다.

그러면 단극이란 어떠한 것인가? 전하는 양전하와 음전하로 나눌 수 있다. 뿐만 아니라 이들의 전하는 독립적인 양전하나 음전하로 분리시킬 수도 있다.

이와 같은 생각을 자석에도 적용할 수는 없을까? 자석의 경우도 전하처럼 N극과 S극을 분리 할 수는 없을까? 만일 두 극을 나눌 수 있다면 이것을 단극이라고 하자, 즉 자석을 N극과 S극으로 쪼갤 수 있다. 이것은 막연히 생각한다면 쉽게 가능해 보이나 깊고 엄밀히 따진다면 상당히 의심스럽고 가능하지도 않은 것이다. 음전하와 양전하로 나눌 수 있는 전하처럼 자석도 마찬가지로 생각하여 이들에 상응하는 개념으로 자하(磁荷)라고 한다.

한 개의 독립된 극을 실제로 가정 한다면 전하의 68.5배이며 단극 사이에 작용하는 힘은 같은 거리에서 작용하는 정전기력에 비하여 4,692배가 된다. 이러한 자하의 크기는 3.29×10^{-8}에스테르·cm^3이다.

이것은 자극을 양자화한다는 것인데, 아직은 그 실체를 확인 할 수 없지만, 우주론에 의해서 그 존재를 예언 할 수 있게 되는 셈이다. 그러나 야심만만한 천재과학자인 양자 물리학자 디락(Paul Dirac)은 1931년에 양자역학을 적용하여 단극이 존재함을 주장 하였다. 이 후 통일이론을 연구하는 별도의 두 연구팀이 입자물리를 통하여 단극에 대한 존재 의의에 대한 기본 원리를 정립하였다.

이러한 단극은 단순한 자석 내의 극이 아니라 우주창생의 대 비밀을 내포하고 있는 큰 열쇄의 장본인이기도 하다. 즉 자유로운 단극은 대우주의 폭발 시 고온으로부터 식어가는 과정에서 결함으로 나타나는 필연적인 존재이기도 하다. 단극은 오늘날의 가속기로는 도저히 밝힐 수 없는 고 에너지 영역에 존재 하는 것이 아닐까 하고 생각한다. 왜냐하면 단극은 양성자 질량의 일경 배(10^{16})의 질량을 가진다. 그러니 이러한 단극을 오늘날 지구상의 실험실 환경 속 에서는 도저히 재현해 본다는 것은 굉장히 힘든 여건인 것이다. 이러한 단극이 안정한 것이어서 붕괴되지 않는다고 하더라도 상대론의 에너지 등가식인 $E = mC^2$에 의한다고 하더라도 문제는 크다. 너무 큰 질량이라 대단한 에너지인 것이다. 그러나 단극은 통일이론(unified theories)으로 설명 할 때, 우주 대폭발 시로부터 생기는 고 에너지 상태에서 우주가 식어가는 과정에서 생기는 대칭성이 깨어지는 문제를 설명 할 수 있는 아주 좋은 열쇄가 되는 것이다.

그러니 단극은 대통일 이론이 옳다고 한다면 없어서는 안될 필연적인 연관을 가진다. 또한 대폭발 이후의 우주에서 자연스레 생성되는 것이다.

단극 이외에도 유사한 여건 속에 나타나게 되는 우주 끈을 살펴보자. 우주 대폭발 후에 있게 되는 우주의 진공이 가지는 에너지 이것을 진공에너지라고 한다. 이러한 진공에너지는 우주가 급격히 인플레이션이 되면서 팽창을 일으킬 때 우주의 에너지는 우주 끈으로도 남게 되는 것이다. 다시 말 하자면 오늘날의 우주는 팽창시의 에너지를 모든 우주공간으로 해방 하는 것이 아니라 일부가 결함으로 남아서 현재와 같은 상태를 이룬다는 것이다.

이러한 결함의 규모는 어떠한가? 결함이 생기는 초기에는 1cm의 100경분의 1에 해당하는 크기이다. 그러나 그 끈은 무한으로 늘어나게 되며 혹 고리 모양의 닫힌 끈으로 보인다. 이러한 우주 끈은 진동하면서, 그 에너지를 잃게 되지만 현재의 우주에도 남아 있다고 하는 것이다. 이러한 진공의 상전이는 최저 상태의 에너지 에서 더욱 낮은 상태의 에너지로 이전함을 의미한다. 예를 들어보면, 0도의 물이면 액체로서는 에너지가 가장 낮은 것이다. 여기에서 0도의 얼음으로 상전이를 하는 것이다. 얼음이 물 보다는 더 에너지 상태가 낮은 것이다. 그래서 상전이를 하는 것이다. 또 다른 상태를 이해하여 보자. 어떤 온도이면 진공의 에너지가 무이라고 하자. 그러나 어떤 온도 이하가 된다면 진공으로 비어있는 것보다 히그스 입자(higgs particle)가 비어있을 때보다 더 안정하다.

우주에서라면 어떤가? 이와 같은 상전이가 실로 여러 번 있게 되니, 상전이를 할 때마다 결함이 생긴다는 것을 예측할 수 있을 것이다. 그리고 무한히 큰 우주의 공동에 붙어있는 은하라고 하는 것이 상전이 시에 생기는 결함에 의하여 오늘과 같은 모습이 되었다고 하니 참으로 멋진 이론이다. 쉽게 말하면, 첫째는 거대한 고리 모양의 우주 끈이 주위에 있는 물질을 끌어 들였으며, 물질의 덩어리들이 분열하여 은하의 집단이 만들어 졌다고 하는 것이다.

우주 끈의 질량은 놀랍게도 단위 길이 당 1경 톤이 된다니, 이렇게 거대한 질량에 의해 생기는 중력은 주변에 막대한 중력효과를 미치고 이것을 중심으로 은하의 씨앗이 되었다는 이론이다.

두 번째는 긴 우주 끈이 우주를 돌아다니게 되며 이때에 끈이 지나간 자리에 물질이 모여서 띠구조가 생겼다고 하는 것이다. 우주 끈은 띠구조뿐 아니라 은하 생성에 대한 두 가지의 모델을 제시한다. 하나는 우주 끈이 은하크기 만큼의 고리를 만들고 이것이 주위의 물질을 모아 은하의 씨가 되었다고 보는 것이다. 또 하나는 초전도 상태의 우주 끈을 말한다. 초전도 우주 끈에는 전자기장의 형태로 고밀도의 에너지가 축적 된다. 이것은 방대한 양으로 축적이 되다가 한 순간에 주위의 물질을 날려 보내게 된다. 그리고 이때의 파면에 은하를 형성시키게 된다는 것이다.

우주 끈은 스스로 진동하면서 작은 단편으로 나누어지고 있다. 이러한 닫힌 끈은 줄어들면서 자꾸 에너지를 잃게 된다. 이러한 우주 끈은 우주의 초기에는 굉장히 강한 에너지를 가지고 있었다. 오늘날의 우주에는 거의 소실되었다.

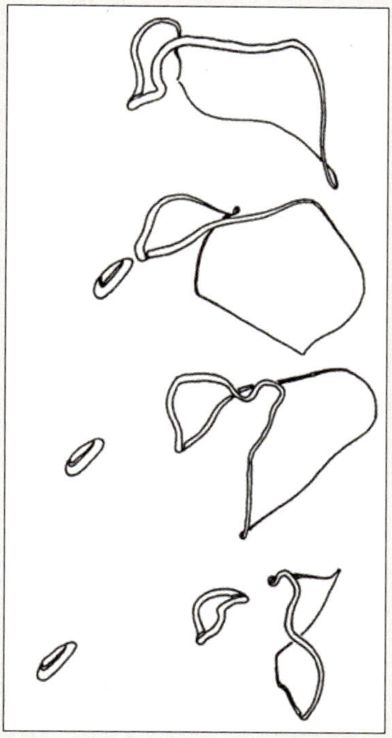

그림 7. 우주 끈의 컴퓨터 모의실험

이러한 우주 끈은 진동하면서 전자기파(電子氣波)를 방출한다. 원래 우주에 있었던 물질들은 아직 확실한 원자의 상태가 이루어지기 이전인 혼돈의 상태이다. 말하자면 전자나 핵 같은 것들이 마구 혼합된 플라즈마 상태로 있었다. 그런데 진동시의 전자기파는 우주에 존재하는 플라즈마를 밀어내어 큰 기포 모양의 구조를 만들게 되고 기포 모양의 플라즈마가 충돌하여 이 부분의 밀도가 증가하게 되고 결국 여기에서부터 은하가 생겼다고 하는 것이다.

그러나 최근의 논문에 우주 끈은 실제로 존재하지 않는다는 이론도 있다. 그러나 우주 끈의 존재를 부정할 수 없다는 논리가 더 지배적이다. 그러나 우리가 관심을 가지는 것은 우주의 탄생과 기원에 대한 것이다.

물리학적으로 보더라도 무는 물질과 시간과 에너지가 전혀 없는 그야말로 무(無)이다. 그리고 이러한 무에서 양자역학을 도입한다면 어떤 일이 일어날지를 논의할 수 있게 된 것이다.

이미 언급한 것처럼 아무 것도 없는 진공 속에서도 입자는 계속 탄생도 되며 소멸도 된다는 것이고, 우주 인플레이션 이론에 의한 '진공 에너지'로 꽉 차게 되는 초기의 우주는 에너지의 영향으로 급격히 팽창을 하고, 이러한 인플레이션 팽창을 거친 후에 진공 에너지는 열로 바뀌게 되는 것이다. 그러면 진공 에너지는 전부 열로 바뀌는 것일까? 미국의 물리학자 콜먼에 의하면 이런 진공 에너지의 상당 양은 우주의 틈(벌레구멍, worm hole)을 통하여 다른 우주로 흘러간다고 하며, 현재의 진공에너지는 거의 0이다.

이렇게 하여 우주가 창생이 되며 지금부터가 우주 탄생 시 흔히 취급하게 되는 우주 대 폭발(big bang) 이론이 된다. 즉, 빅뱅 우주 이전에 무로부터의 우주탄생 이론이 있게 되는 셈이다.

우주가 무로부터 탄생하였다면, 무 이전은 어떠한가? 우주 인플레이션 이론은 아직 무 이전에 대한 언급이 없다. 그러나 또 다른 측면에서 무 이전의 이야기까지 우리는 물리학적 인 영역의 범위까지 넣을 수가 있는 것이다. 그리고 이들에 대한 스티븐 호킹의 시도와 동양적인 사고가 있다.

무에서 탄생하는 우주뿐만 아니라, 단극을 통하여 엄밀한 우주의 아름다운 대칭성을 생각 할 수 있는 것이다. 우주가 가지는 대칭성은 무엇인가? 어떤 의미를 가지는가? 그것은 우주가 음과 양으로 구성되어 있음을 동양사상이 아니라 물리학이 증명한다는 것이다. 진정한 음과 양은 대칭적이며, 그래서 꼭 들어가 맞는 것이다.

이러한 이론들을 확고한 신념으로 생각할 때, 우주는 깊숙이 이해되는 것이다. 이들 이론들은 어떤가? 우리는 이들 이론의 가부를 따지기 이전에 먼저 '지금까지 해온 진실한 노력들과 천재들의 상상을 통하여 펼쳐지고 있구나!' 하면서 함께 구경하면 되는 것이다. 나아가서는 우리도 얼마든지 이러한 이론들을 보완 발전시킬 수 있다면 그보다 더 좋은 것은 없지 않을까?

2. 갓 없는 우주

우주의 모습은 어떤 것일까? 아인슈타인의 일반 상대성 이론에 의하면 우주는 전체를 시간이라든지 공간으로 하여 이해 할 수가 있다. 아인슈타인은 1917년 우주의 구조에 대하여 다음과 같이 발표 하였다. 즉 우주 공간의 구조는 시간적으로 변하지 않는다는 것이다. 이 이론은 일반 상대성 이론에 기초를 둔 것인데 그에 의한 우주 원리는 우주에는 중심이 있을 수 없다고 하는 것이다.

아인슈타인이 만든 우주는 정적 우주(靜的宇宙)이다. 정적 우주는 우리가 얼핏 생각해 볼 때, 당연해 보이며 철학적으로도 그럴 듯하다. 그리고 상식적으로 생각해 본다고 해도 이 세상은 의젓하고 품위 있게 그저 가만히 정지해 있는 그러한 우주이다.

그래서 아인슈타인이 1922년 중력장 방정식(field equation)으로 우주를 설명하려고 하였을 때, 그 결과가 마음에 들지 않은 것이다. 더구나 우주 방정식의 해도 발견할 수 없었다. 왜냐하면, 아인슈타인이 머리 속에 그리고 있던 그림은 도예가가 만들어 놓은 아름다운 자기 항아리처럼 움직이지 않고 얌전히 있는 정적 우주이어야 했기 때문이다. 그래서 그는 우주 항(宇宙恒)이라도 불리는 우주상수(cosmological constant)를 도입하였다. 그러면 자신이 수긍할 만한 결과가 도출 되는 것이다.

우주 항은 어떤 것인가? 공간이 비워있는 완전 진공을 생각 할 수 있다. 진공 내의 물질도 빛도 없다고 하자. 이런 우주 안에도 공간의 잠재 에너지가 있으니 이것을 우주 항이 존재 한다고 보는 것이다. 아인슈타인은 자신이 도입한 우주항을 1932년 철회하게 된다. 그러니 아직도 이 우주 항에 대해선 논란의 여지가 남아 있다.

아인슈타인이 철회한 우주 항. 그러니 아인슈타인은 미리

답을 정한 후 문제를 뜯어 고친 것이며 그래야 자신이 상상하는 정적 우주를 잘 설명할 수 있었던 것이다.

이런 이론이 아인슈타인에게만 국한 되었던 것은 아니다. 당시(1917년) 네델란드의 천문학자 드지터(W. de Sitter)에 의해서도 아인슈타인의 이론을 다소 수정한 후에 정적 우주를 도출하게 된다. 그런데, 드지터의 이론은 적색편이(red shift) 현상도 설명을 할 수 있는 이론이었다.

멀리 떨어진 별에서 오는 빛의 스펙트럼선의 위치는 파장이 긴 빨강 색으로 기울어진다. 이것은 별과 지구 사이의 거리가 멀어지기 때문에 생기는 도플러 효과에 기인하는 것이다. 이러한 편이의 정도에 따라서 별이 멀어지는 속도를 계산 할 수 있는 것이다.

당시에는 적색편이의 개념조차 모르던 시절이었다. 그래서 적색편이가 관찰된 이후에 이들 이론은 금방 유명해졌다. 그러나 실제의 우주는 팽창하고 있었던 것이다. 우주 방정식에 우주 항을 넣지 않고 제대로 푼다면 우주는 팽창하는 모습을 보이다. 뿐만 아니라 관측의 결과도 우주는 팽창하고 있었던 것이다.

이런 것을 본다면 초기의 물리학자들에게는 우주가 팽창한다고 하는 사실이 좀처럼 이해되지 않았던 것이다. 그래서 팽창 우주론은 쉽게 받아들여지지 않았다.

그러나, 1929년 허블(Edwin Hubble, 1889~1953, 미국의 천문학자)의 발견에 의하여 아인슈타인도 팽창우주를 받아들이지 않을 없었다. 아인슈타인은 그의 견해가 잘못 되었음을 인정하고 우주 항을 첨가한 것이야말로 인생에 있어서 최대의 실수였다고 후회하였다. 우주의 실상은 팽창하고 있었던 것이다. 그러면 팽창우주에 대하여 알아보자.

중력장 방정식을 제대로 푼 사람은 소련의 알랙산더 프리드만(Alexander Fridmann)이다. 현재에도 아인슈타인의 중력장 방정식은 중요한다. 왜냐하면 아인슈타인이나 드지터의 모델은 쓸모없지만 중력장 방정식 이야말로 현대 우주론의 수학적 기초를 이루는 중요한 식인 것이다.

프리드만에 의해 중력장 방정식을 풀게 되는 결과에는 아주 중요한 두 가지의 모델이 있다. 하나는 우주물질의 평균밀도가 일정한 임계 값 보다 작거나 같다고 하는 것인데 그렇다고 한다면 우주는 공간적으로 무한해야 한다. 이때의 우주는 영원히 팽창을 계속할 것이다. 우주밀도가 임계 값 보다 크다고 하자, 이러한 물질에 의하여 만들어진 중력장은 구(球)의 표면처럼 유한하게 되지만 경계가 없는 이상한 면이 된다.

우리가 이런 곳에서 여행을 한다고 하면 언젠가는 한없는 우주 끝으로 가는 것이 아니라 다시 제자리로 되돌아오게 되는 것이다. 이때의 중력장은 우주팽창을 정지시키기에 충분히 강해서 우주는 다시 수축을 시작 하게 됨을 암시하는 것이다. 임계 밀도는 1000리터의 공간에 수소 3개 정도이다. 즉 수소 원자가 몇 개냐에 따라서 우주가 무한팽창을 하느냐 진동하느냐 하는 것이다.

이처럼 많은 신비를 간직한 우주 그리고 무한히 펼쳐진 우주. 밤하늘을 바라보고 있노라면 적연한 창공이 검고 별들로 인하여 현란함을 알 수 있다. 이러한 별들은 가령 100만 광년 떨어져 있다고 한다면 매초에 17Km의 속도로 멀어진다. 4천만 광년 떨어진 처녀좌의 후퇴 속도는 1140Km/초가 된다. 멀리 떨어져 있는 별일 수록 관측상으로는 적색변이가 심하게 나타나는 것이다.

허블에 의한 우주팽창 이런 팽창을 가정한다고 하면 팽창 속도는 우리와 멀어지면 멀어질수록 속도가 빠르다는 것을 알 수가 있다. 왜냐하면, 이러한 팽창은 전 우주에 걸친 것이므로 모든 별에서 모든 별은 멀어진다고 하는 것이다.

은하의 팽창속도는 은하까지의 거리에 비례하게 되는 것이며, 따라서 은하와 은하는 서로 멀리 떨어져 있을수록 빠른 속도로 멀어져 간다고 하는 것이다.

이러한 팽창의 모습은 어떠한가? 팽창하는 우주를 화약이나 지상의 어느 물체와 같이 한 중심에서 원거리로 퍼져나가는 그런 폭발로 생각하면 안 된다. 우주의 폭발은 어디에서나 동시에 일어나는 것이고 또한 처음부터 전 공간을 채우고 있으며 모든 입자가 모든 입자로부터 멀어지는 이러한 폭발이다.

중심이 있는 화약과 같은 폭발은 안과 밖이 있는 폭발이 되지만 우주라 하는 것은 안과 밖이 없는 폭발이기 때문이다. 따라서 우리는 시간이라든가 공간에 대한 개념을 수정해야만 할 큰 사건에 직면한 것이다. 이들의 구체적 언급은 차차 할 것이다.

이러한 자리가 태초의 자리이다. 그렇다면 태초에서 시작한 이러한 우주팽창을 자로 잴 수는 없을까? 그것은 가능하지 않다. 왜냐하면 우리가 재는 자도 같이 팽창하기 때문이다.

팽창 우주 설은 단지 이론과 적색편에만 의한 것인가. 사실은 그렇지 않다. 우주가 팽창하고 있다고 한다면 과거의 우주는 어떠하였을까? 과거는 갈수록 수축된 우주이다.

이에 대하여 가모브는 우주 폭발설이라고 하는 모델을 제

그림 8. 내가 우주의 중심

* 팽창 우주의 중심에 내가 있다
* 내가 움직이면 우주가 흔들린다. 우주심이 움직이고 있다
* 한 자루의 잎새가 털어져도 우주가 흔들린다
* 내가 바르면 우주가 바르다. 내가 잘못되면 우주가 망가진다

시했다. 즉 초기의 초고밀도 초고온 상태에서 팽창을 시작하였다고 하는 것이다.

그렇다고 한다면 팽창하는 우주는 어디로부터 시작하여 어디에 까지 다다르는 것인가? 밤하늘에 반짝이는 별들은 머나먼 우주를 향하여 끝없이 펼쳐지고 멀어지는 것이다. 그러면 그 팽창의 중심은 어디인가?

풍선의 임의의 한 점에서 다른 점을 본다면 모든 점이 멀어지고 있다는 것을 알 수 있다.

팽창하는 우주를 자로 잴 수는 없을까? 그것은 가능하지가 않은 것이다. 자마저 팽창하기 때문이다. 그림에서 보는 것처럼 무한히 팽창하는 우주가 있다. 이런 우주의 시작은 어디이며, 또한 그 끝은 어디인가. 시작과 끝은 과연 있는 것인가 없는 것인가?

접시가 있다. 둘레에는 둥근 테가 있다. 이 둥근 테의 시작은 어디부터 일까? 그리고 그 끝은 어디 인가? 우주는 공간적이다. 이러한 공간적인 우주의 시작은 어디이며 끝은 어디인가? 그리고 팽창하고 있는 우주의 밖은 무엇인가?

우주는 갓이 없는 것이다.

갓이 없다.

갓이 없음은 무변이 되는 것이다. 변이 없으니 또한 그 끝은 어딘지도 모르며 끊임없이 계속됨을 의미한다. 뿐만 아니라 이것은 움직임을 수반하게 되는 것이다.

갓이 없으니 이것은 계속 퍼져나가게 된다는 의미도 내포한다. 갓이 있어야 또한 정지할 곳을 찾을 수 있는 것 아닌가? 그러니 우주야 말로 갓이 없다는 표현을 쓰면 너무도 꼭 어울리는 말이 되는 것이다.

우주는 갓이 없다. 그러니 무한히 계속된다. 끝없이 계속된다. 허공도 갓이 없는 것이다. 그래서 속이 텅 빈다. 그래서 갓이 없다. 사람의 수명도 그런 것이다. 그 형상만 바꿀 뿐 생각의 성품이 이어지니 끝이 없는 것이요 모두 갓이 없는 것이다.

갓 없는 무한한 우주에, 이러한 우주에 평면이 있다면 그 평면의 모습은 어떠한가. 우리가 생각하는 평면의 상상은 그저 칠판처럼 끝없이 평평한 면으로만 생각하고 있다.

갓 없는 우주는 한없이 넓은 유리판과 같은 평면이 아니라 좀 색다른 면으로 생각하여야 한다. 그래야 갓이 없는 것이다. 만일 그저 직선적으로 곧게 펼쳐져 있는 우주라면 그것은 생명이 없는 것이다.

생명은 모든 부드러움 속에서 나오기 때문이다. 직선이라는 것은 죽어야 생기게 되는 것이다. 그렇다면 새로이 탄생하는 실제적인 평면은, 말하자면 뫼비우스 평면과 같은 것이다.

이것은 안과 밖이 없는 평면이다.

그러면, 뫼비우스 면을 설명하기 위하여 뫼비우스 띠를 만들어 보자. 그림에서 보는 것처럼 가늘고 긴 띠를 한번 꼬아서 붙인다면 이러한 띠는 안과 거죽이 없는 띠가 된다. 이 띠의 어느 한 점에서 붓으로 칠을 해 나간다고 하자. 앞으로 계속 칠을 해 나간다면 결국에 가서는 거죽까지 칠을 하게 됨을 알 수가 있다. 그러니 이러한 뫼비우스면 위에서 자꾸 걸어간다고 하자.

그러면 언젠가는 서있던 자리의 뒷면에 있게 됨을 알 수 있고 더욱 앞으로 나아가면 다시 원래의 자리로 되돌아온다.

접시와 같은 면은 안과 밖이 구분 되는 면이다. 그러나 안과 밖이 없는 것이 있으니 이것이 뫼비우스 띠라고 하는 것이다. 이런 띠는 종이를 띠처럼 자른 후에 한번 꼬아서 연결하면 만들어진다.

이런 곡면을 위상기하학(位相幾何學)에서는 한 면만 있는 것이기 때문에 단측적(單側的)이라고 하여 수학적으로 엄밀히 정의하고 있다.

안과 거죽이 없는 단측적인 또 다른 예는 클라인 관이다.

장방형의 종이를 가지고 원통을 만들 수 있다. 이것을 똑바로 연결하면 도나스 모양이 된다. 그러나 이것은 원통을 가지고 화살표와 일치하는 방향으로 꼬아 만든 것이다. 그림처럼 실선으로 그린 화살표의 방향으로 붙인다면 이때에 나타나는 면이 안과 거죽이 없는 단측적인 경우가 생기는 것이다.

즉, 안과 밖의 구분이 없는 항아리, 그러나 이 항아리에는 아무 것도 담을 수가 없는 것이다. 그러나 이와 같은 이론을 우주에 적용하는 것이다. 적용의 근거로는 이미 이야기한 프리드만의 이론이 될 것이다. 이처럼 이론과 실험을 거듭해 가면서 천천히 한 발자국씩 미지의 세계를 비장의 각오로 탐험하는 것이다.

그러면 우주공간에 대한 이해를 돕기 위하여 다음과 같은 생각을 해보자. 공간을 3차원으로 생각해 보자. 이것은 평면을 면에 수직인 상하로 이동 시킬 때에 생기는 것이다. 이것은 개념의 확장인 셈이다. 3차원의 세상은 이렇게 평면을 확장하여 생긴 것으로 본다. 그러면 이것은 과연 합당한가? 이것을 우주의 차원에서 본다면 전혀 맞지를 않는다. 왜냐하면 우주는 칠판과 같은 평면을 공간인 3차원으로 확장한 개념이 아니라 뫼비우스 띠와 같은 면을 확장한 클라인병과 같은 개념에서 이해하여야 한다. 즉 우주란 안과 밖이 없다는 개념

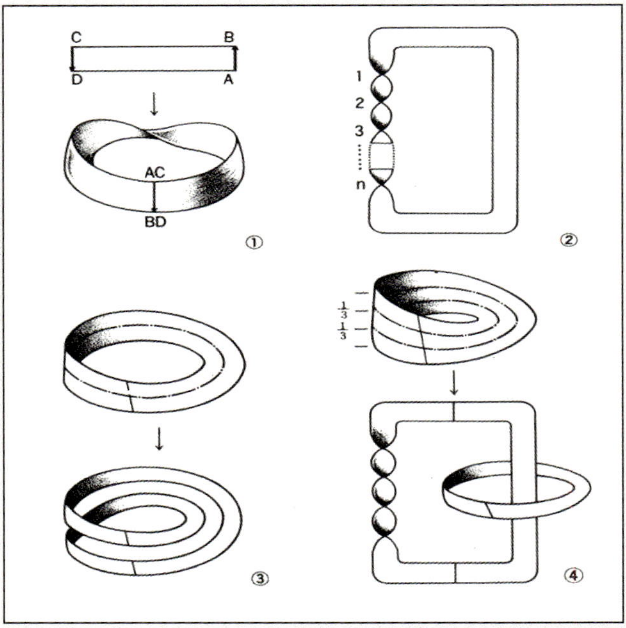

그림 9. 뫼비우스띠

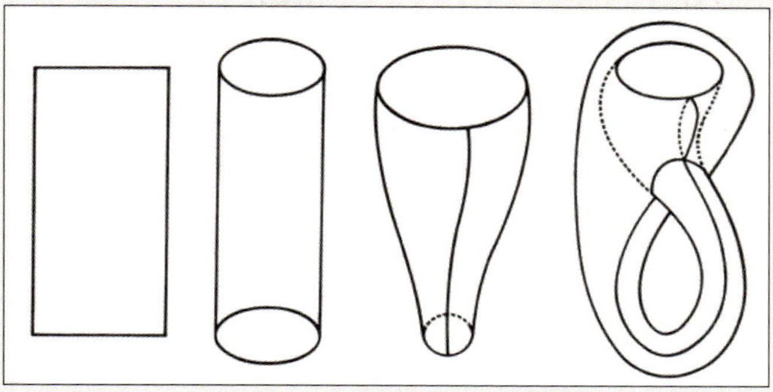

그림 10. 클라인관

이 되는 것이다.

우주가 안과 밖이 없다…. 그렇다면, 소우주인 나도 당연히 안과 밖이 없어야 하는 것이다.

시작과 끝을 모르는 우주 더구나 안과 밖의 구별이 없는 우주가 가능할까? 그러나, 그 팽창의 중심은 분명히 내가 서 있는 바로 이 점이 되는 것이다. 무엇 때문일까? 그림의 풍선에서 보는 것처럼 모든 점에서 모든 점이 멀어지고 있다. 임의의 어느 점을 기준 잡더라도 그 점에서 모든 점은 멀어지고 있다.

이것을 동양 사상인 관점에서 달리 말하면, 바로 내가 서 있는 지점으로부터 우주가 멀어지고 있다고 하는 것을 알 수 있다. 바로 내가 우주의 중심이요, 팽창의 중심이 되는 것이다.

내가 우주의 중심이라!

내가 우주의 중심에 있으니 내가 움직이는 것은 우주 중심이 움직이는 것이요 또한 우주 전체가 움직인다고 할 수 있지 않을까? 나의 존재란 이런 것이다. 그런 것을 본다면 인내천(人乃天) 사상이 의미하는 바가 '내가 곧 하늘이요!' 내가 곧 우주라 하는 말이 예사로운 말이 아닌 것이다.

나는 우주의 중심을 밟고 있다. 아니 내 자신의 마음이 바로 우주의 마음인 것이다. 이런 마음은 어디에 있는가? 내 몸 안에 있는가? 내 몸 밖에 있는 것인가? 다시 말하여 마음은 내게 있는가? 나의 밖에 있는가?

우주가 안과 밖이 없으니 나도 안과 밖이 없을 것이며 이것은 나와 세상이 하나라는 것이다. 또한 모든 것이 마음 안에 있고 또한 마음 밖에 있는 것이다. 아니 마음조차 내안에도 있고 또한 내 몸밖에도 있는 것이다. 내 마음이 시공을 초월하여 어디든지 달려가니 내 마음 닿는 그 끝까지 내가 닿아 있는 것이다. 그러니 마음이 달려가고 마음이 달아나는 것이다. 연모의 감정도 내 마음을 빼앗길 때 생기는 것이다. 욕심도 마음이 다른 곳에 가 있을 때 생기는 것이다. 마음이 아주 가 버리면 내 육신은 빈껍데기인 것이다.

내가 중요하다! 내가 중요해 나라고 하는 존재가 있고 난 연후에 무(無) 또한 있는 것이요! 또 그런 연후에 우주도 세상도 있는 것 아닌가! 이 모든 것을 말하면 있는 것이 없는 것이요! 없는 것이 또한 있는 것 아닌가!

그러한 내가 움직인다! 어디를 향하여 움직이는가! 때로는 무슨 일인지도 모르고 내가 얼마나 중요한지도 모른 체 혹은

취해 울부짖고 감정이 격해서 요동하고, 이런 소리를 보라! 내가 바로서면 우주가 바르고 내가 무너지는 소리는 우주가 무너지는 소리! 우주가 그렇게 가벼이 움직이는가! 우주가 슬픔을 말하는가!

그러면 내가 서있는 점으로부터 아래를 보고 그리고 위를 보자. 끝없는 하늘을 향하여 펼쳐져 있는 공간을 보자. 그리고 눈을 마음으로 돌리어 과거를 보고 다시 미래를 보자. 우주는 엉겁을 통하여 무한을 향하여 먼 과거로부터 먼 미래의 무한한 시간까지 펼치어 있다. 무한히 광활한 그 우주의 끝은 어디일까? 이러한 우주는 과거와 현재를 통하여 미래까지 펼치어 있다. 그리고 현재는 무한한 공간 위에 떠 있는 끝없는 실체와 허상들, 그리고 유와 무, 이름 하여 우주가 아닌가! 우주(宇宙)란 집은 어떻게 생긴 것이며 우주란 무엇인가? 시공을 떠도는 우리들 우리의 의문 속에 항상 가지는 삶이란 무엇인가?

3. 우주에 작용하는 힘

사회생활을 하려면 남과 어울려 지내야 한다. 이것은 남과 나와의 상호 작용이며 또한 다른 모든 것과의 상호작용이다. 그러나 산다는 것은 변화이고 변화 속에서 다른 것들과 어떻게 어울리는가이다. 산다는 것은 어떻게 보면 힘의 논리인 것이다.

'우주란 무엇인가?'하는 의문의 귀착도 결국은 물질이란 어떤 것인가? 즉, '물질의 근원은 무엇인가?'하는 것과, 이들 사이에 상호작용은 어떤 것인가로 집약 할 수 있는 것이다. 즉 '힘을 연구한다'는 것이다.

입자물리학에서 물질의 궁극을 따지는 문제는 소립자의 분류학이 될 것이다. 우주의 실상을 연구하는 것도 역시 소립자의 구체적인 모습은 무엇인가를 따지는 셈이다. 또 소립자 사이의 상호작용이라고 하는 것은 이들 사이에 어떤 힘이 작용 하는가 하는 것으로 우주의 실상과 관계되는 것이다.

자연에 있어서 힘이란 참으로 중요한 것이다. 국제 관계도 대인관계도 모두다 힘의 역학관계이다.

이러한 힘에는 인력이라든지 척력이 있다. 뿐만 아니라 세상에 있는 힘은 요약해서 몇 가지로 구분할 수 있다고 하는 것이다. 그리고 이들이 우주 형성과도 밀접한 관계가 있는 것이다.

그러면, 태초에는 어떠한 일들이 일어났을까.

우주는 거대한 폭발을 하면서 탄생했다고 하니, 무에서 유로 탄생을 했다고 하자. 그렇다고 한다면, 이때에 태어난 것은 음과 양이 아닐까, 이러한 무(無)에서 유가 탄생하는 과정 중에는 소위 말하는 무극에서 음과 양이 생기니 이치가 들어 있으니 이를 무극(無極) 생(生) 양의(兩儀)라고 해보자.

이와 같은 이치는 무극에서 태극이 생기는 원리가 된다. 그러나 물리학적으로 본다면 이것을 물질과 반물질로 표현하면 어떨까. 즉 무에서 최초에 물질과 반물질이 생겨난 셈이다.

그런데 이전에는 이러한 태초에 생성된 물질과 반물질의 양은 아마도 같은 크기 이었으리라 생각했다. 그러나 대통일 이론(great unified theory, GUT)에 의한 추정이지만, 상상할 수 있는 우주는 반물질 보다는 물질이 훨씬 많다고 하는 것이다.

음과 양이 짝이라는 생각을 해 본다면 물질과 반물질이 어쨌든 같은 양이 아닐까 하는 생각도 들 것이다. 그리고 대칭성을 고려해 본다면 물질이 양인가 반물질이 양인가. 이것을 구별 하기는 매우 어려울 것이다.

물리학적인 사실로서의 대통일 이론은 물질이 반물질보다도 많다고 하는 것이다. 이것은 얼핏 보아서는 이해가 안 되는 이론이다. 그러나, 아직은 우리가 밝힌 바가 엄정한 실험과 관측 및 이론의 결과이니 수긍 할 수밖에 없다. 이렇게 이해가 잘 안 가는 것을 억지로 끼워 맞추는 감이 있으나 주역에서 말하는 음양 이론도 이와 비슷한 예가 있다. 다소 불합리해 보이기는 하지만, 음양학설이라고도 볼 수 있는 주역에서도 음과 양의 개념을 서로 비슷한 세력으로 보지는 않는다.

상식적으로 본다면 음과 양은 1:1이며 비슷한 수효로 보아야 될 것이다. 그러나 이와 같은 세력적인 측면에서 볼 때, 음과 양은 어떠한가? 분명 음이 양보다 많다고 하는 것이다.

'음과 양이 같은 정도이어야 하지 않을까?' 하고 생각될지 모르나 사실은 음의 세력이 더욱 강한다. 주역의 팔괘를 이루는 하나 하나 효를 따져 본다고 해도, 양은 하나이나 음은 둘로 갈라져 있다. 말하자면, 세상은 치세보다는 난세가 많은 것이고 정의로운 사람보다는 그렇지 못한 사람이 많다고 하는 것이다. 주역의 이론인 음양의 개념을 물리학에 억지로 끌어 붙이는 것 같은 이러한 개념은 다소 억지처럼 보일지는 몰라도 대통일 이론이 제시하는 물질과 반물질의 세계도 서로 같은 양이 아니라고 하는 것이다. 그러면 우주에 작용하는 힘에 대하여 알아보자. 그리고 이들의 힘이 궁극적으로는 같다고 하는 대통일 이론에 대해서도 알아보자.

자연계에는 여러 가지 힘이 있다. 우리가 가장 쉽게 알 수 있는 것은 중력 혹 만유인력이다. 이 힘은 중력 상호작용의 결과로 생기는데 거시적으로 원거리의 물체에 작용하는 힘이다. 지상에 있는 모든 물체에 작용하는 힘이기도 하지만 지구와 태양, 항성과 항성, 은하계와 은하계 사이에도 이런 힘들은 작용하고 있다. 물론 모든 물질과 물질 사이에 작용하는 힘이니 전자와 원자핵 사이에서도 작용한다.

우리는 이러한 만유인력을 의심 없이 인정 하고 있다. 모든 물체 사이에는 서로의 질량의 곱에 비례하고 거리의 제곱에 반비례하는 힘이 작용하고 있다. 이런 만유인력을 수소원자에 적용해 보자. 원자핵과 전자 사이에도 만유인력이 작용하고 있으니 그 크기를 계산해 보자는 것이다.

수소원자 속에 있는 양성자와 전자의 거리는 5.3×10^{-11}m이다. 만유인력 상수는 6.7×10^{-11}이니 만유인력의 법칙으로부터 양성자와 전자 사이에 작용하는 인력의 크기를 계산 할 수 있다. 이것을 중력이라고 하는데 크기는 대략 3.6×10^{-47}N이 된다. 이것은 상당히 작은 값으로 무시 할 수 도 있는 값이다. 그런데 수소 원자핵과 전자는 서로 종류가 다른 두 개의 전하라고 생각 할 수 있어서 이들 사이에 작용하는 인력인 정전기력(쿨롱력)을 생각할 수 있다.

다시 말하면, 양전기와 음전기라고 하는 전하와 전하, 전기와 전기 사이에는 인력이나 척력과 같은 것이 작용한다는 것이다. 수소원자도 핵과 전자를 양전하와 음전하로 보아서 이들에 작용하는 인력인 정전기력을 계산할 수 있다. 이때에 작용하는 정전기력을 계산 한다면 8.2×10^{-8}N이 된다.

이상과 같은 두 결과로부터 우리는 자연계에 존재하는 힘 중에서 두 종류의 힘인 만유인력과 전자기력을 이해 할 수 있다.

수소원자의 핵과 전자 사이에 작용하는 힘은 중력과 전자기력이다. 그런데 이 힘들을 결과적으로 본다면 중력이 전자기력에 비하여 무시할 만큼 작다고 하는 것을 알 수 있다.

두 힘의 차이는 수소원자에서 3×10^{39}배이다.

이것은 무엇을 의미할까?

중력과 전자기력은 전혀 종류가 다른 힘이라고 하는 것이다.

표 3. 힘의 비교

강력(Strong force)	1
전자기력(Electromagnetic force)	10^{-2}
약력(Weak force)	10^{-13}
중력(Gravitational force)	10^{-38}

만일 이와 같은 원리를 핵의 내부에 적용 시킨다면 어떻게 될까? 원자핵 안이라고 한다면 핵력과 전자기력을 쉽게 이해할 수 있다. 원자핵에는 양성자와 중성자가 있다. 그런데 대부분의 원자핵은 수소는 제외 되지만 양성자가 여럿 있게 됨을 알 수 있다.

우리의 상식으로 볼 때 원자핵 안에 있는 양성자는 서로 같은 종류의 양전하를 가지고 있으니 서로 반발하는 힘이 있을 것을 예측할 수 있을 것이다. 즉 같은 종류의 전하 사이에서는 서로 미는 힘인 척력이 작용하고 있으며, 이런 척력은 전자기력이다. 이 힘을 구해보자. 한 예로 우라늄238원자를 생각해 보자.

핵 안의 두 양성자는 서로 아주 인접해 있어서 이들 사이의 거리는 불과 6.0×10^{-15}m 정도이다. 이런 두 양성자 사이에 작용하는 전자기력은 약 6.3N이 된다. 이것은 아주 작은 양성자의 경우를 생각 한다면 아주 큰 척력이 되는 셈이다. 그러니 이와 같은 큰 척력이면 원자핵은 붕괴 되어야 할 것이다. 만일 이와 같은 전자기적 척력에 의해 원자핵 안의 양성자끼리 서로 반발하여 쪼개진다면 그야말로 세상은 아비규환이 될 것이다. 그러나 그러한 일들은 일어나지 않는다. 왜냐하면 양성자 사이에는 전자기적 척력보다는 백배나 큰 핵력이라는 아주 큰 인력이 작용하고 있기 때문이다.

말하자면, 원자핵의 내부에는 양성자끼리 작용하는 전자기적 척력보다 훨씬 큰 힘인 '강한 상호작용(strong interaction)'이 작용하고 있다는 것이다. 핵력은 강한 상호작용 중에서 대표적인 것이다. 그러나, 핵력의 도달 거리는 기껏해야 10^{-13}cm 이다. 이러한 힘들이 작용하는 범위의 입자들은 하드론이라고 불리 우는 것들이다.

이것 이외도 '약한 상호작용(weak interaction)'이 있다. 이 힘은 10^{-15}cm에 작용하는 아주 약한 힘이기 때문에 어떤 종류의 입자충돌이나 베타붕궤(beta decay)에서만 나타난다. 그리고 약한 상호작용은 반드시 입자의 교환을 통하여만 이루어진다. 입자교환은 하이젠베르그의 불확정성원리(Heisenberg`s uncertainty principle)에 의하여 입자 교환 시 입자의 질량에 반비례하는 도달거리를 가지는 힘으로 상호작용한다. 이에 비한다면 중력이나 전자기력은 도달거리가 무한대이다. 즉 아주 먼 거리 까지 힘이 미치는 것이다. 이상은 상세하지는 않으나 자연계에 있는 힘에 대하여 설명한 것이다.

그러나 이와 같은 힘의 상호작용에 대하여서도 우리는 관심이 깊다. 뿐만 아니라 이러한 자연계의 힘들은 얼핏 보아서는 서로 다른 종류로 보이지만 실제에 있어서는 근원이 같다고 생각하는 것이 과학자들의 생각이다.

이러한 사실을 밝히는 것은 복잡한 이론뿐 아니라 힘들고 정교한 실험의 결과와 수반하여 나타나는 것이다. 이것을 설명하려는 통일장 이론(unified theory) 자체도 매력 있는 분야이다, 다만 통일장 이론을 너무 자세하게 논하는 것은 피하겠다. 그러나 이미 살펴본 것처럼 자연계에는 분명히 서로 종류가 다른 힘들이 존재하지만 이들은 서로 같은 근원을 갖는 동일한 힘이었다고 하는 것이다.

이러한 힘들은 각기 뜰(field, 장)이라는 개념을 통하여 나타낼 수 있다. 이러한 힘들을 중력, 전자기력, 핵력, 약력이라고 부르는 것이다. 이들을 어떻게 같다고 보는 것인가. 통일장 이론은 어떠한 것인가 개략적으로 살펴보자.

4. 통일된 힘들

우리는 흔히 전자기파라는 말을 한다. 간단히 말하여 전파라고 하는 것이다.

우리가 친숙한 빛도 넓게 본다면 전자기파이니 빛도 전파의 일종인 셈이다. 이러한 전자기파의 전파(傳播)는 어떠한가, 먼저 이러한 파(波)나 힘들이 퍼져나가는 모습은 장(마당, 뜰, field)이라고 하는 것들의 상호작용으로 나타난다.

당신과 내가 상호작용 하는 것도 사실은 같이 뛰어 놀 수 있고 공유할 수 있는 장소인 마당이 있어서 가능하다고 하는 것이다.

그래서, 힘들의 상호작용을 설명하는데 장이라는 개념을 사용하면 편리하다. 모든 것이 상호작용이다. 따라서 입자들은 이런 상호작용에 따라서 강한 상호작용, 약한 상호작용, 전자기 상호작용, 중력 상호작용이란 네 가지 기본적인 상호작용을 한다. 이러한 상호작용은 게이지 입자(gage particle)라고 하는 매개체를 교환함으로써 이루어진다. 게이지 입자는 광자, 글루온, 위크 보존(weak boson) 등의 입자를 말한다. 핵력이나, 약력, 전자기력, 중력도 이들에 의해 생기는 것이다. 이런 상호작용이 없다면, 우주라는 것도 있을 수 없을 것이다. 이러한 상호작용은 물리학 그것도 소립자 물리학이나 우주생성 이론을 다루는 데는 핵심적인 이론이다.

예로 중력자(graviton)는 중력 상호작용을 일으키는 입자(게이지입자)이다. 또 빛은 전자기파라고 하였지만 이들은 말하자면 전자기 상호작용을 매개로 하는 입자(게이지입자)라고 하는 것이다.

먼저 전자기장을 생각해 보자. 우리는 전기장과 자기장을 합하여 전자기장이라고 한다. 이중에 전기장에 의하여 생기는 힘으로는 전기력이 있는데 정지 전하들 사이에서 작용하는 힘이다. 그러나 자기력은 정지 전하 사이에 작용하는 힘이 아니라 이동전하 사이에 작용한다. 또 전자석이든 막대자석이든 어떤 형태이거나 자석 사이에서 작용한다. 지구도 하나의 큰 자석이라고 할 수 있다. 뿐만 아니라 지구라고 하는 거대한 자석에서도 지자기라는 형태의 자기장이 생기는 것이다.

전기장과 자기장은 같은 것이다. 이것을 맥스웰이 말하는 유명한 맥스웰의 전자기 방정식을 써서 설명하였다. 맥스웰의 전자기장 이론에 의한다면 이러한 두 힘인 전기력과 자기력은 서로 같다는 것이다. 우리가 얼핏 보아서는 전기장과 자기장이 서로 다른 것으로 생각 할 수 있다.

전하에서는 전기장이 발생한다. 이러한 전기장은 정지 전하에서 발생한다. 그러면 이런 정지전하를 움직여 보자.

이동하는 즉 움직이는 전하에서는 자석에서만 발생하는 것으로 알았던 자기장이 생긴다. 쉽게 말하면 직류나 교류에서도 자기장이 생긴다는 것이다. 따라서 이동전하에 의하여 발생한 자기장은 전하에도 작용하지만 자석에도 작용하는 것이다. 이것을 잘 살펴보면 전자기장인 전기장과 자기장이라고 하는 것은 같은 것이라는 것을 알 수가 있다.

우리는 전자기장 뿐 아니라, 자연계에 존재하는 여타의 네 가지의 힘들도 궁극적으로는 같은 것이라는 확신을 한다. 그렇다면 이것을 증명하면 되지 않을까? 물론 모든 힘을 설명할 수 있는 것은 아니지만 이처럼 하여 다른 힘들도 하나 하나 같다는 것을 설명하고 증명 할 수 있다. 그 중의 하나는 약한 상호작용과 전자기 상호작용의 합이다. 이들을 합치는 이론(두 상호작용이 같다는)이 게이지 이론이다.

약한 상호작용과 전자 상호작용을 합하여 전약 상호작용이라고 하는데 이것은 와인버그와 살람이라는 사람이 각각 독자적으로 완성 하였다. 그래서 전약 상호작용을 와인버그-살람 이론이라고 한다. 그리고 이제는 전약 상호작용과 강한 상호작용 사이의 통일이 이루어지고 있다.

통일장 이론을 완성하는 작업은 어려운 일이다. 이들은 복잡한 가설과 실험에 의해 검증된다. 아무리 이론이 좋아도 관측이나 실험적인 뒷받침이 있어야 한다. 이처럼 외견상 서로 다른 네 가지 힘들이 같으리라는 생각은 참으로 아름다운 생각이다. 얼마나 아름다운가! 자연은 대칭적이며 음과 양이라고 하는 단순하고 직관적인 관념이 이안에 내포되어 있다.

이러한 생각 아래 자연에 있는 모든 힘들을 합해보려는 시도로 통일장 이론이 대두된 것이다.

자연이 대칭적이고 단순하고 간단한 규칙을 따른다는 이러한 공통적인 생각은 통일 이론의 기저가 되는 이론이며 이것은 후에 대통일 이론과 초대칭성 이론(super symmetry theory)과 초 끈 이론(superstring theory)으로 발전하게 된다.

통일장 이론은 아인슈타인도 생전에 이것을 완성하고자 노력 하였다. 물론 성공하지는 못하였지만 이런 노력은 오늘까지 계속되고 있다.

오늘날 이들 분야는 거대한 입자 가속기가 나오면서 실험적으로 뒷받침되고 이론적으로 더욱 발전하게 되며 물리학자들의 가장 매력 있는 부분의 하나가 되었다. 또 이 부분이 바로 우주의 생성원리와 밀접한 관련이 있다.

힘이라든지 소립자를 이해하는 것은 결국은 전 우주를 이해하는 길이다. 이것이 통일장 이론의 개략이다.

통일장 이론을 연구 하는데 아인슈타인은 수학적인 연구와는 무관하게 완전히 물리학적인 관점에서만 해결하려고 노력하였다. 그러나 이 통일장 이론은 수학적으로 상당한 화제를 일으켰으며 수학에 상당한 자극을 가하였다. 뿐만 아니라 수학적으로는 대단히 성공한 셈이다. 이에 비한다면 물리학적으로는 아직 수학적 성과에 못 미친다고 볼 수 있다.

이런 통일장 이론은 전자장이나 중력장 뿐만 아니라 중간자장 까지 포함하는 이론으로 발전을 해야 하겠지만 아직은 해결할 과제가 많다. 이것은 다 우리가 할 일인 것이다.

현재는 소립자의 고 에너지 상호작용을 다루면서 대통일 이론이 부분적으로 성공을 거두게 되며 이에 따른 우주론도 상당한 발전을 하게 된다. 그러면 최근에는 어떠한 일들이 벌어지고 있는가. 현대의 통일장 이론은 어디까지 와 있는가를 알아보자.

현재에 와서 각광을 받고 있는 이론은 아마도 슈퍼 스트링 이론 일 것이다. 이 이론역시 자연계의 모든 힘들을 오직 하나로 통일하고 삼라만상에 대한 유일한 이론을 창조하려는 시도이다. 더구나 이 이론은 게이지 이론이 설명 못한 이론들을 설명하려는 유일한 이론이며 수학의 첨단이론이 위상(토폴로지), 수론, 표현론, 복소해석, 대수기하학의 이론이 초끈 이론과 융합하여 물리학적인 난제를 해결하는데 크게 기여하는 순수 수학이론이다.

이런 이론이 기여하는 철학적인 요소 또한 더 큰 의미를 가지게 되니 기존의 이론보다는 진일보한 이론이 되는 것이다.

초 끈 이론에서는 소립자를 10^{-33}cm 길이의 끈으로 생각한다. 끈이 몹시도 짧다고 하는 것은 끈의 장력이 크다고 하는 것인데 이것은 끈에 큰 에너지가 저장되어 있음을 의미한다. 초 끈 이론에 의하면 우리가 사는 시공간은 10차원 26차원의 우주로 되어 있어도 문제가 없다. 그 속에는 거대한 초끈이 있어서 이러한 끈 모양의 입자의 작용에 의하여 공간은 수축하게 되었다는 것이다.

즉, 10차원 중 6차원이 수축하여 지금처럼 4차원의 시공우주가 남아있다고 하는 것이다. 그러나 초 끈 이론은 큰 약점이 있다. 그동안 신봉하던 실험의 도움을 얻을 수 없다는 것이다. 단지 수학적인 취급과 상상을 통해서만 인증할 수 있는 것이다.

특히, 통계역학이나 위상수학에도 응용이 되어 큰 성과를 올렸다. 사실 실험을 통하지 않는다고 하는 것은 자연 과학자에게는 극히 낯설고 상상하기 힘든 것이다. 그러나 동양적 방법으로는 증명이 그리 중요한 일이 아니다. 다소 입장이 틀려서 꼭 증명 해야만 믿는다고 하는 것이 오히려 더 이상한 일이다. 말하자면 동양은 지혜적 측면이 강하고 서양은 지식적 측면이 강한 것이다. 지혜라고 한다면 증명에 의한 것도 아니고 증명 할 수도 없는 것이다. 꼭 보아야 아는 것에 대하여 이전의 사람들은 한수 아래로 친 것이다. 아마도 이런 것들이 동양에서는 실증적인 사고방식에서 뒤떨어지고 실용주의라고 하는 것이 나타나지 못한 원인이 아닌가 하는 생각이 든다.

그러나 어쨌건 증명해야 알 수 있다는 것은 이미 낡은 사고방식이다. 물론 말도 안되는 과장이라고 생각 할지도 모르나, 과학과 철학에 반영되어 이전의 개념을 수정해야 할 새로운 사고인 것이다.

과거의 역사에도 당연한 일이었던 이러한 복고주의적인 사고를 우리는 신사고(새로운 생각들)라 생각할 터이며, 이러한 신사고가 이다지 늦게 태동했는지 다소 어리둥절할 정도이다. 물론 어떻게 본다면 당연한 일이겠지만… 초 끈 이론에 의하면 소립자라고 하는 것이 단지 끈 일지도 모른다.

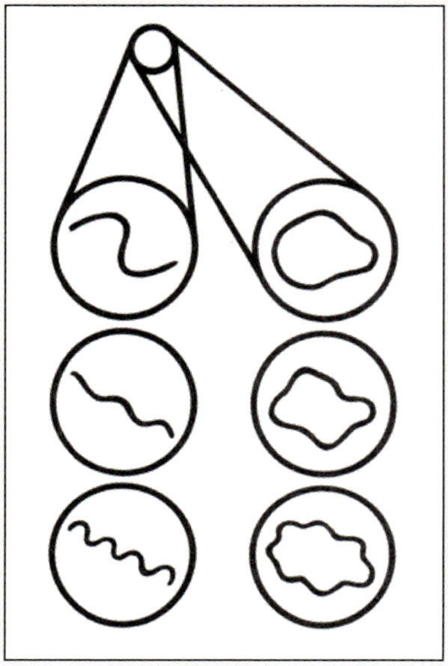

그림 11. 초끈

소립자를 점이 아니라 끈이라고 하면 어떤가? 왼쪽과 같이 열린 끈과 오른쪽 같은 닫힌 끈이 있다. 그림처럼 끈의 진동 상태가 격렬하면 소립자의 에너지가 높다.

물리학은 실험적인 사실이나 관찰과 같은 실증에 바탕을 두지만 수학에서는 이론과 논리적으로 모순이 없으면 되는 것이다. 그래서 수학과 물리학은 유사한 것 같으면서 바탕이 다른 것이다. 그런데 초 끈 이론은 이러한 수학과 물리학을 하나로 합치는 학문의 통일 이론인 것이다. 즉 여태까지 있어 왔던 통일장 이론 초 대칭성이론 고차원 중력이론 등을 모두 하나로 묶을 수 있는 이론인 것이다.

우리는 여태까지 통일장 이론에 대하여 이야기하였다. 이런 통일장 이론에 의하면, 아주 저온에서부터 10^{32}K(절대온도) 사이의 고온에서 일어나는 일들을 이해할 수 있다. 또한 우주론적으로 흥미가 있는 1cm^3당 10^{-300}g 이하에서 10^{100}g 이상의 광범위한 범위에 이르는 밀도를 이해할 수 있게 된다.

연구자들은 10^{-35}초 이내의 범위를 연구한다는 것이 의미가 있는지를 연구했다. 이것은 시간의 양자화와도 관련이 있는 문제이다.

즉 공간이나 시간을 잘게 자른다면 어디까지 나눌 수가 있는가 하는 문제이다. 그래서 나타나는 것이 최소의 공간인 10^{-33}cm와 10^{-43}초인 플랑크시간이 정의된다.(이것은 다시 다루게 됨) 이러한 극미의 공간은 어떻게 이해하면 좋은가? 또 어느 정도이면 극미의 공간 영역이 되는가?

우리는 극미의 공간 개념으로 양자공간과 양자진공을 생각 할 수 있다. 보통의 진공이라고 하더라도 10^{-30}cm 규모에서 요철과 같은 기복이 나타나기 시작하니 이것이 양자진공이 된다. 이러한 극미의 공간은 1957년 휠러(John Archibald Wheeler)가 생각해 낸 것인데, 극미의 공간이라고 하더라도 원자핵 정도의 영역에서 라면 단순한 평면처럼 평평해 보이겠지만, 10^{-33}cm 근처까지 가면 상당한 기하학적 기복이 나타나게 된다.

이러한 영역이면 공간의 위상과 곡률이 끊임없이 변하는 것이고 이 영역을 플랑크 영역이라 하는 것이다. 도대체 물리학자는 어디에서 어디까지 상상을 하는 것인가? 짧게는 플랑크 영역으로부터 길게는 10^{100}배의 먼 이후에 일어날 미래에 대해서도 추정하는 것이다.

이런 것들은 얼마나 멋진 일인가? '극미의 시간인 10^{-43}초라고 하는 것을 생각한다는 것이 무슨 의미가 있는가'라고 한다면 할 말이 없지만 상상해 보자. 이렇게 짧은 시간이라고 하는 것이 정말 의미가 있는 것인가? 그리고 정말 이런 짧은 시간이 존재 한다는 것인가? 이런 것을 생각하는 것이 얼마나 흥미 있는 일인가. 더구나 이러한 짧은 시간에 일어나는 일들을 생각 할 수 있다는 사실이 놀랍고 흥분되는 일이 아닌가?

하나의 미시세계를 통하여 전 우주를 이해할 수 있어라.
하나는 전체를 이루고 전체는 또한 하나를 이루네
하나를 보아서 전체를 알고
하나 속에는 전체가 있구나.
그러니 내가 나 아니며, 네가 너가 아닌 것이다.
그러면서도 또한 내가 너이고 네가 또한 나 아닌가.
내 또한 온 우주가 되니, 작은 모래알에 온 우주가 있음을 뉘 알았으랴.
단지 흘려보내기 쉬운 것이 무심이고 무관심이려니,
그러나 온 우주를 알기위해 단지 하나이면 족하여
그 하나를 위하여 일평생을 바치고
그 하나를 위하여 모든 것을 살르니
결국은 그 하나에 딸릴뿐
헛된 인생은 이 하나를 모르고 둘을 찾고 여럿을 취하며 또한 욕심을 낸다.

그러니 많은 것을 탐하지 말고 하나씩 버리는 것이 결국의 하나의 길에 이루는 길이 아닌가?

그 하나마져 버린다면 어떻게 될까?

그것은 영원한 자리 태초의 자리며 궁극의 자리이고 말하자면 무와 유 그 것마저 초월한 것 아닌가?

생각마저도 끊어진 자리 우리는 그 자리를 찾아야 한다….

5. 순간, 찰나는 너무 긴 시간

옛 선조들이 사용하던 단위이긴 하지만 옛날 사람들의 지혜는 놀라와서 아주 작은 단위인 찰나, 공허, 허, 공, 청, 정 들을 생각하였다. 이들을 시간과 공간과 물질들에 대조해 본다면 어떨까? 아마도 이런 것들은 좋은 사고 실험이 될 것이다.

이런 것들을 통하여 예언된 여러 효과들이 우주의 진화에 어떻게 작용되는 것인가를 결정할 수 있고, 또한 실험할 수 있다면 얼마나 멋있을까? 그러나 이러한 극미의 세계에서 일어나는 일이나 이론들이 제시하는 것은 아주 극단적인 상황이다.

순간보다도 비교할 수 없을 만큼의 짧은 시간의 일이며 어떤 온도보다도 고온이며 정말로 긴 과거 즉 태초의 일이다. 이런 것에 대한 확증은 어떻게 하여 얻어 낼 수 있을까? 그러면 진정한 태초의 세계, 태허로 돌아가 보자.

순간이라고 한다면 눈 깜박할 시간이니 상당히 짧은 시간이다. 세상에는 눈 깜박하는 순간에 무슨 일이 행해지는 경우가 있다. 그러나 이것은 1/10초인 0.1초 사이에 이루어진 일이니, 순간이라는 것은 그리 짧은 시간이 아님을 알 수 있다. 그러나 이러한 순간이면 자유낙하 하는 물체는 정지상태로부터 5cm나 낙하하게 된다. 시속 80km로 달리는 자동차는 2m을 진행하며, 소리는 36m를 진행한다. 빛이라면 3만km을 진행하니 눈 깜박할 사이에 거의 지구를 한바퀴 도는 것이다.

그러니 일순간이라도 기막힌 일들이 벌어짐을 알 수 있다. 이외에도 우리가 알고 있는 너무도 짧은 시간에는 찰나라고 하는 것이 있다. 이것은 얼마나 짧은 시간인가?

그러면 순간과 찰나 어느 쪽이 긴 시간일까? 이런 것을 구분 할 줄 아는가?

찰나(刹那)라고 하는 것은 범어에서 유래하였다, 또한 찰나에는 구백 가지나 되는 생과멸이 계속된다는 의미를 내포하고 있다.

이것은 말하자면, 극히 짧은 시간인 순간과 찰나마저도 영원에 통하는 것이라고 해야 하지 않을까? 이러한 찰나는 시간으로 보아서도 10^{-18}초에 이르는 미소한 시간이니 그야말로 찰나에 이루어진 일이 될 것이다. 이와 같은 찰나는 얼마나 짧은가? 정말로 찰나에 엄청난 일들이 일어나는가? 축구공이 골문의 그물에 걸리는 순간 때로는 수억의 사람이 열광을 한다. 만 사람의 마음에 파동이 치며 선수들의 가슴에 희

표 4. 동양의 숫자

배 수		분 수	
10^0	일(一)	10^{-1}	푼(分)
10^1	십(十)	10^{-2}	리(厘)
10^2	백(百)	10^{-3}	모(毛)
10^3	천(千)	10^{-4}	사(絲,사)
10^4	만(萬)	10^{-5}	홀(忽)
10^8	억(億)	10^{-6}	미(微)
10^{12}	조(兆)	10^{-7}	섬(纖)
10^{16}	경(京)	10^{-8}	사(沙)
10^{20}	해(垓)	10^{-9}	진(塵)
10^{24}	서(抒)	10^{-10}	애(埃)
10^{28}	일(一)	10^{-11}	묘(渺)
10^{32}	구(溝)	10^{-12}	막(莫,漠)
10^{36}	간(澗)	10^{-13}	모호(模糊)
10^{40}	정(正)	10^{-14}	준순(逡巡)
10^{44}	재(載)	10^{-15}	수수(須嫂 女변 빼다瘦搜)
10^{48}	극(極)	10^{-16}	순식(瞬息)
10^{52}	항하사(恒河沙)	10^{-17}	탄지(彈指)
10^{56}	아승지(阿僧祗날)	10^{-18}	찰나(刹那)
10^{60}	나유타(那由他)	10^{-19}	육덕(六德)
10^{64}	불가사의(不可思議)	10^{-20}	공허(空虛) 또는 허(虛)
10^{68}	무량대수(無量大數)	10^{-21}	청정(淸淨) 또는 공(空)
		10^{-22}	청(淸)
		10^{-23}	정(淨)

항하사는 갠지스 강가의 모래라는 뜻으로 무수히 많다. 무한이다. 무수히 많다. 항사(恒沙)의 뜻을 가진다.
아승지, 아(阿)는 무(無)의 뜻으로 무한히 긴 시간. 승지(僧祗)는 수라는 뜻이다.

표 5. SI 접두어(국제 단위계)

배수 및 분수	접두어	기호
1000,000,000,000,000,000,000,000 = 10^{24}	yota(요타)	Y
1000,000,000,000,000,000,000 = 10^{21}	zeta(제타)	Z
1000,000,000,000,000,000 = 10^{18}	exa(엑사)	E
1000,000,000,000,000 = 10^{15}	peta(페타)	P
1000,000,000,000 = 10^{12}	tera(테라)	T
1000,000,000 = 10^{9}	giga(기가)	G
1000,000 = 10^{6}	mega(메가)	M
1000 = 10^{3}	kilo(킬로)	k
100 = 10^{2}	hecto(핵토)	h
10 = 10^{1}	deca(데카)	da
1		
0.1 = 10^{-1}	deci(데시)	d
0.01 = 10^{-2}	centi(센티)	c
0.001 = 10^{-3}	milli(밀리)	m
0.000,001 = 10^{-6}	micro(마이크로)	
0.000,000,001 = 10^{-9}	nano(나노)	n
0.000,000,000,001 = 10^{-12}	pico(피코)	p
0.000,000,000,000,001 = 10^{-15}	femto(펨토)	f
0.000,000,000,000,000,000 = 10^{-18}	atto(아토)	a
0.000,000,000,000,000,000,000 = 10^{-21}	zepto(젭토)	z
0.000,000,000,000,000,000,000,000 = 10^{-24}	yokto(욕토)	y

요타, 제타 와 젭토, 욕토는 측정과학 분야의 최고 의사 결정 기구인 국제 도량형 총회에서 1991년 9월 추가한 것이다.

비가 엇갈린다. 어쩌면 오랜 동안 기억에 남게 될 순간인지도 모른다.

긴 노력 끝에 얻어지는 감흥 모든 일은 찰나에 이루어진다. 송곳으로 바위를 뚫는다고 할지라도 이것은 찰나에 온 힘이 집중되는 것이고 찰나에 뚫게 되는 것이다. 통일이 된다고 하더라도 그것은 오랜 동안의 준비와 성숙 끝 이지만 순식간에 그야말로 찰나에 이루어지는 것이다.

찰나에는 엄청난 것이 들어있고 또 숨어있지 않은가? 또한 이것은 엄청난 엉겁과도 통한다는 것이다.

이런 것을 보면 물리학자는 아무리 행동이 느린 사람이라고 하더라도 순간이나 찰나보다도 짧은 시간에 이루어진 일에 대하여 생각을 하여야 한다. 그러니 자연과학의 세계는 참으로 기기묘묘하다. 어떻게 그리고 언제 이것이 가능한가? 이런 것을 이야기 하는 자리가 바로 태초의 3분간이다.

불가에서는 놀랍게도 순간보다 훨씬 짧은 찰나에 구백 생멸이 있다고 하는 것처럼 짧은 시간이라 할지라도 무수히 많은 일들이 벌어진다.

태초의 우주를 말하자 해도 너무도 짧은 시간에 우주가 탄생하는 모습이 이루어지니 얼마나 장엄하고 비밀스럽고 아름다운가!

태초에 3분이면 우주가 만들어 지니, 우리는 단 5분도 헛되게 쓸 수가 없는 귀중한 셈이다. 우주가 태어나도 태초가 있고, 아기가 태어날 때도 태동이 있고, 사업을 시작하는 것도 태동이 있으며, 전쟁을 해도 징조가 있고, 하다못해 어떠

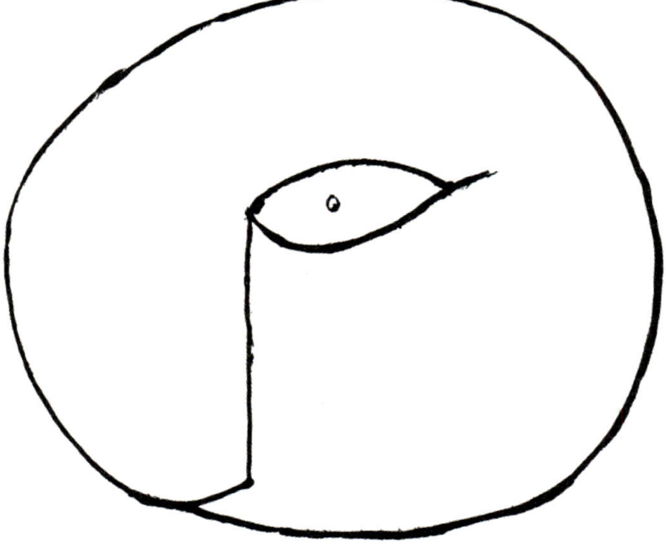

그림 12. 지금이라면 세계와 우주 도처에서 일어나는 어머어마한 일…

순간이 영원이고 영원이 일순간

원은 우주다.
우주의 싹은 묘유다.
우주는 진공이다.
여기서부터 시작이다.
우주는 마음과 연결된다.
직선의 끈으로,
눈은 생명이다.
싹이다.
보이는 것이니 눈으로
보는 건 순간이나
원은 영원히 돈다.

그림 13. 눈깜박할 순간이면 우주에는 어마어마한 일이 일어난다

눈 깜작할 순간이면 우주에는
어마어마한 일이 일어난다

자유.
자유로운 이, 해탈한 사람은
눈 깜작할 사이에
모든 사람들이 느낄 수 없는
우주의 모든 것을
감지할 수 있으나
안에 갇혀 있는 사람은
축소된 범위 내에서
자신이 알고 있는 것
외에는 전혀 느끼지 못한다.

그러나 순간순간,
실로 눈 깜작할 사이에
우주에는 엄청난 일들이
벌어지고 있는 것을…
수많은 인생 항로 속에서
덧없는 행적을
남기며 끝없는 길을
망연자실 걷고 있는 인생,
그것은 우리 자신이 아닐까.

한 작은 일이라고 하더라도 일의 출발 시점과 태동이 있는 것이 아닌가. 우리는 큰 노력으로 태초의 순간에 도전할 것이다.

말없이 팽창하는 우주 이러한 팽창의 끝은 어디인가? 그러나 더욱 궁금한 것은 팽창의 시작이다. 즉, 태초는 어떠했을까? 무한한 과거로 거슬러 올라가 보자. 물론 상상 속이며 마음으로 가는 것이다.

그렇다고 한다면 대우주는 **'나'**라고 하는 **하나**의 점을 향하여 맹렬한 기세로 달려 올 것이다. 그 때를 상상해 보자. 이때를 태허라고 하면 된다. 왜냐하면 이미 말했듯이 내 마음은 여기까지 구속 없이 달려 갈 수 있기 때문이다. 내 마음 달려가는 모든 자리가 허의 자리이다. 그러한 내 마음이 닿는 자리, 거기는 시(時)도 초월하고 공(空)도 초월한다. 그러나 그 자리는 허(虛)한 자리인 것이다.

나는, 나의 마음이라고 하는 것은 이다지 자유로운 것이다. 그러나 진정으로 자유로우려면 모든 속박에서 벗어나야 한다. 그중에서 가장 큰 속박이 무엇일까? 자연은 스스로 그러하건만 우리에게 있어선 인공적인 요소가 속박이다. 문화라고 하는 것이 그렇고 욕심이라고 하는 것이 속박이다. 다시 말하면 모든 것을 버리면 된다. 있는 그대로 물처럼 산다면 이것이 우주와 합일을 이루는 것이 아닌가. 그래서 '자연으로 돌아가라'라고 하는 말이 생겨난 것이다. 이 모든 것이 나와 자연과 우주가 하나를 이루었을 때 진실이다.

올버스의 파라독스

"밤하늘은 왜 어두울까?"라는 질문은 언뜻 들으면, 동네 꼬마 아이가 아이들과 어두워질 때까지 놀다가 문득 머리 위를 쳐다보고 아쉬운 마음에 불연 듯 던지는 말과 같은 어리석은 질문같이 느껴진다.

그러나 이 질문은 19세기 초에 이르러 비로소 독일의 천문학자 올버스에 의해 중요성이 강조된 이래로 여러 과학자들을 괴롭힌 문제였다.

이러한 언뜻 보면 간단해 보이는 질문이 과학적으로 설명하기 힘들었던 이유는 고대의 그리스에서 시작한 우주론의 역사를 보면 알 수 있다. 서양의 우주론은 그리스 인들로부터 시작되었다. 그들은 1500~2000년 전부터 우주를 관측하기 시작하였다. 당시의 우주관은 아리스토텔레스의 견해가 지배적이었다. 아리스토텔레스는 하늘의 모형은 구형이고 그 중심에 공모양의 지구가 고정되어 있다고 하였다. 지구를 하루에 한 바퀴씩 회전하는 천구의의 존재를 생각하였고 태양과 별들은 이 천구의 속에 박혀 있어서 천구의와 함께 움직인다고 생각하였다.[1] 그 후 아리스토텔레스의 우주관은 기독교신학에 수용되어 조화를 이루며 르네상스 시대까지 대표적인 우주관으로 군

림하게 된다. 16세기에 접어들어 코페르니쿠스는 태양과 행성들의 복잡하고 불규칙한 운동을 보고 천체의 운동에 대하여 연구를 시작하였다. 그 결과 그는 지구가 우주의 중심이 아니며 지구와 행성들이 태양 주위를 돈다고 확신하게 되고 [천구의 회전에 대하여]라는 저서를 발간하였다.

이후 아리스토텔레스의 우주관은 종말을 맡기 시작했다. 실험과 관찰을 통하여 자연의 법칙을 탐구하던 갈릴레이는 망원경을 만들어 금성의 상을 관찰하고 목성 주위를 도는 위성을 발견하여, 코페르니쿠스의 주장을 뒷받침하였으며, 은하수가 셀 수 없이 많은 항성들로 이루어져 있다는 것을 발견하여, 우주가 당시 생각보다 훨씬 더 넓다는 증거를 얻는다. 코페르니쿠스의 지동설은 티코브라헤의 관측과 케플러의 이론적 작업을 통해 더욱 더 확고히 뒷받침을 받게 되었다. 케플러는 태양 주위를 도는 행성들의 규칙성을 정리하여 케플러의 법칙을 만들었는데, 후에 뉴턴의 운동법칙과 만유인력 법칙에 의해 훌륭하게 설명이 되었다.[2)] 17세기 뉴턴은 하늘의 붙박이별들이 떨어지지 않는 것에 대해 의문을 품고 우주의 크기에 대하여 생각하였다. 그 이전까지 우주의 크기에 대해서는 지구 또는 태양을 중심으로 유한하다고 하는 생각이 일반적이었다. 뉴턴은 자신의 중력 이론을 우주에 적용시키면, 우주에 있는 모든 별들은 중력에 이끌려 결국 하나의 큰 덩어리를 이룰 것이라는 결론을 얻었다. 그러나 별들이 무한한 공간에 균일하게 분포한다면 중력은 대칭적으로 상쇄될 수가 있고, 따라서 우주의 붕괴를 막을 수 있다고 생각했다. 그래서 뉴턴은 무한한 크기의 우주를 선호하게 되었다. 그러나, 그는 이것도 불안정함을 알아차렸다. 미약한 중력 섭동만으로도 전 우주가 하나 또는 많은 숫자의 덩어리가 될 수 있음을 알고 신의 힘을 빌려서, 항성들이 아무런 움직임을 하지 않을 때 그 체계가 가능함을 인

1) http://my.netian.com/~samslee/hubble/ 2.우주론의 역사

2) http://my.netian.com/~samslee/hubble/

정한다. 이후 유한한 우주의 개념은 폐기되고 정적이고 무한한 우주의 개념이 20세기 초까지 사람들의 생각을 지배하게 된다.[3)]

19세기 초에 이르러 독일의 천문학자 올버스는 "밤하늘은 왜 어두울까?"라는 물음의 중요성을 강조하기 시작했다. 기존의 생각처럼 무한한 우주에 별이 가득 차 있다면 밤하늘은 별의 표면과 같이 밝게 보여야 한다는 것이다. 그러나 밤하늘은 분명 어둡다. 이러한 "올버스의 파라독스(역설)"은 많은 천문학자를 괴롭혀온 문제였다. 그러다가 백 년이 지난 1929년, 미국의 천문학자 허블(Hubble)의 관측에 의해 해결의 실마리를 찾게 되었다. 허블은 우주의 기본 구성단위는 '은하'라고 하는 별의 집합이라는 사실을 관측으로써 증명하였다.[4)] 우주 공간에는 마치 바다에 섬이 분포하듯 은하들이 여기저기 분포하고 있고 그 사이는 빈공간이나 다름없다는 것이다. 우리 은하는 이러한 수많은 은하들 중에 하나라는 것이었다. 이러한 은하의 발견과 함께 허블은 곧 이러한 은하들의 움직임을 체계적으로 연구한 결과 모든 은하들이 우리 지구로부터 멀어지고 있다는 것을 관측으로 확인하였다. 이러한 관측결과를 체계적으로 정리한 것이 은하의 후퇴속도와 거리와의 정비례 관계를 나타내는 '허블의 법칙'이다.

$$\mathbf{v = Hr}$$

(H = 비례상수(허블상수, 약 50Km/sec/백만pc)
r = 멀어지는 은하까지의 거리
v = 후퇴속도) [5)]

---

3) http://my.netian.com/~samslee/hubble/ 2.우주론의 역사

4) 이영욱, 2000, 『우주 그리고 인간』, 동아일보사, 1장 밤하늘은 왜 어두운가?

5) 박창범, 1995, 『인간과 우주 - 우주의 생성에서 그 종말까지』, 가람기획 pp.37~38 허블의 법칙.

빅뱅우주론과 우주의 나이의 연관성

허블의 발견에서 알 수 있듯이, 우주는 계속 팽창하고 있고 은하들의 거리가 점점 더 빠른 속도로 멀어진다. 그런데 이러한 우주의 팽창이론을 거꾸로 생각해 본다면 우주의 생성 초기의 모습을 짐작해 볼 수 있다. 우주는 하나의 점에서 출발하였다는 것이다. 바로 그 점이 빅뱅 우주론에서 생각하는 우주의 시작이 되는 순간이다. 그 점에서 폭발을 통해서 시간, 공간, 물질의 창조가 있었다는 것이다. 즉, 빅뱅 이전에는 공간은 물론 시간도 존재하지 않는 무(無)의 상태에서 대폭발로 인하여 비로소 시간도 흐르게 되고, 물질이 창조되고, 공간이 생겨나게 되었다는 것이다.[6] 그런데 이러한 빅뱅 우주론을 생각해 보면 우주의 생성 시기, 즉, 빅뱅의 순간 시간이 창조된 후부터 현재까지의 시간이 바로 "우주의 나이"가 된다. 현대 천문학에서 가장 중요한 이론인 빅뱅 우주론이 의심할 수 없는 사실이라면 우주의 현재까지의 나이가 유한하다는 것도 명백한 사실이 되어야 한다. 바로 이러한 사실에서부터 올버스의 파라독스는 과학적으로 설명할 수 있다. 즉, 지금까지 우주의 나이 동안 빛이 달려올 수 있는 거리보다 먼 거리에 있는 별들은 아직 우리에게 도달하지 못했다는 것이다. 그러므로 밤하늘이 별빛으로 가득 찰 필요는 없다는 것이다. 우주의 나이는 빅뱅 우주론으로부터 유한할 수밖에 없다는 결론을 얻을 수 있다. 빅뱅으로부터 창조된 우주가 어떠한 운명을 맞이할 것인지는 아직까지는 확실한 결론은 나와 있지 않다. 관측 기술의 진보로 몇 년 안에 우주의 운명에 대한 최종 결론에 도달할 것으로 보인다.[7] 어쨌든 빅뱅 우주론은 이미 관측으로써 의심의 여지가 거의 없을 만큼 증명된 것이기 때문에 빅뱅 초기부터 현재에 이르는 우주의 나이에 대한 과학적인 접근이 가능하다.

---

6) 이영욱, 2000, 『우주 그리고 인간』, 동아출판사, p.19 빅뱅우주론.

7) 이영욱, 2000, 『우주 그리고 인간』, 동아일보사, 5장 지구와 우주의 운명 p.68.

제8장 우주의 나이

우주의 나이의 측정법에는 크게 3가지가 있다. 현대의 천문학자들이 우주의 나이에 대해 자신 있게 말하고 있는 것은 우주의 나이를 측정하는 세 가지의 독립된 방법이 모두 동일한 값을 가져다주기 때문이다.[1)]

1. 허블상수를 이용한 우주의 나이 측정법

이 계산을 하는 데에 있어서 가장 중요한 것은 허블상수라고 불리는 우주의 팽창계수이다.

빅뱅 우주론에서와 같이 우주는 팽창하고 있다는 것은 여러 가지 관측을 통해 현대 천문학에서 의심할 여지가 없는 것이라 할 수 있다. 허블의 관측에 의해서 이러한 팽창하는

1) 이영욱, 2000, 『우주 그리고 인간』, 동아일보사, 6장 우주의 나이 논쟁, p.71

우주가 관측으로 증명된 후, 이러한 팽창을 수학적으로 풀어내려는 노력을 기울여 왔다. 1990년에 발사된 '허블우주망원경'은 지금까지 지속적이고 정밀한 관측을 수행하여 많은 천문학자들이 동의할 수 있는 비교적 정확한 허블상수의 값을 구하고 있다.[2] 어떠한 특정한 은하와 우리와의 거리를 알고, 그 은하가 우리로부터 멀어지는 속도를 측정하면, 그 것으로부터 빅뱅 초기에 모든 은하들이 한 곳에 모여 있었을 때부터 지금까지의 시간을 계산할 수 있다.

우주의 나이 측정과 허블의 관측

과거 망원경이 안 좋았던 시절에는 성운과 은하의 구분이 없었다. 그리고 그것들의 거리를 측정할 이론이 없었기 때문에 우리 은하 내에 있는 것이냐 아니면 은하 밖에 있는 것이냐를 놓고 많은 논쟁이 있었다. 그러다가 윌슨산에 100인치 망원경이 세워지고 허블이 관측을 시작했다. 허블은 1920년대에 카네기재단의 지원으로 세계 최대의 천체 망원경이 있던 윌슨산 천문대에서 연구 활동을 시작했다. 그 당시까지만 해도 은하라는 개념이 없었고, 허블은 처음으로 우주의 기본 구성단위를 '은하'라고 하는 별의 집합이라는 사실을 관측으로써 증명하였다.[3] 각 은하에는 약 1,000억 개의 별들이 있고, 우리

---

2) 이영욱, 2000, 『우주 그리고 인간』, 동아출판사, 6장 우주의 나이 논쟁, p.72

3) http://myhome.hananet.net/~sinclair/frame1.htm 병윤이의 Paradise of cosmos, <Hubble Space Telescope(HST)>
이영욱, 2000, 『우주 그리고 인간』, 동아일보사, 1장 밤하늘은 왜

은하계는 이러한 수많은 은하들 중의 하나라는 사실을 깨닫게 해준 것이다. 허블은 이러한 관측 사실들을 바탕으로 우주가 팽창하고 있고, 다른 은하들이 우리로부터 멀어지고 있다는 것을 밝혀내었다. 허블의 관측이 발표되기 전까지는 고대로부터 내려오던 정적인 우주관이 지배하고 있었다. 그러나 허블에 의해 우주는 매우 동적이라는 사실이 처음으로 밝혀지면서 그 당시 세계관과 우주관이 완전히 뒤바뀌는 하나의 혁명이 일어났다. 허블은 곧이어 우주의 팽창계수(허블상수)를 알아내기 위해 그 당시 성운이라고 불리던 M31, M33등의 은하에서 세페이드 변광성[4]을 관측하여 처음으로 거리를 측정할 수 있었다. 허블은 계속된 관측을 통해 거의 모든 은하들이 적색편이[5]를 가진다는 것을 알고 여러 가지의 가정을 거쳐서 거리를 결정했다. 1922년 그는 V=Hr이라는 식을 발표했다. 허블은 처음에 허블상수를 500km/s/Mpc로 계산했다. 그러나 샌디지 등에 의해서 계속 수정이 이루어져 현재는 40~100km/s/Mpc정도로 믿어지고 있다. 허블우주 망원경은 계속해서 허블상수를 측정하고 있고, 그 값도 다양하다.[6]

허블상수를 이용하여 우주의 나이를 측정할 수 있다. 허블상수 값은

어두운가? p.12.

4) 세페이드(Cepheid)변광성은 일정한 주기로 밝기가 변하는 별이다. 변광주기가 긴 별일수록 밝다. -박창범, 1995, 『인간과 우주』, 가람기획, p.23 그림 3.

5) 적색편이(赤色編移, red shift)란 스펙트럼(spectrum)선이 여러 가지 원인으로 표준파장보다 긴 쪽으로 이동하는 현상을 말한다. 빛은 파장이 짧을수록 청색 또는 보라색에 가까워지며 파장이 길수록 적색에 가까워진다. 따라서 적색편이란 빛의 스펙트럼이 파장이 긴 쪽으로 치우쳐 적색을 많이 띠게 되는 것을 가리킴. -http://ipcp.edunet4u.net/teacher.

6) http://myhome.hananet.net/~sinclair/frame1.htm 병윤이의 Paradise of cosmos.

우주의 나이와 직접적인 관련이 있다. 만약 허블상수가 100km/s/Mpc 이라면 우주의 나이는 100억년 정도이고 50km/s/Mpc이라면 150억 년 내지 200억 년 정도가 된다. 값이 정확하지 않은 것은 우주의 질량에 따라서 감속하는 정도가 다르기 때문에 오차가 생기는 것이다. 만약 허블상수가 80km/s/Mpc이라면 80억년에서 120억년 정도의 나이가 나온다. 그런데 이렇게 80 이상의 높은 값의 허블상수의 문제점은 별의 진화 모델과 맞지 않는다는 점이다. 별의 진화 모델은 물리적으로 매우 정밀하게 계산되어 있기 때문에 오차가 많지 않다고 생각되어지고 있다. 그런데 구상성단의 진화 모델의 따르면 130억에서 170억 년 정도의 나이를 가졌다고 생각되는데 이것은 우주의 나이보다 크게 되므로 모순이 아닐 수 없다. 그래서, 허블상수는 낮은 값을 가져야 한다고 주장하는 천문학자들이 있는 반면, 과연 구상성단의 나이를 확실하게 알 수 있느냐에 대한 의문도 제기되고 있다. 진화 모델에서 중원소량이 중요한 구실을 하는데 그 양이 정확하게 측정 되었는지, 구상성단까지의 거리는 과연 정확한가 하는 여러 가지 가능한 오차가 있기 때문에 구상성단으로서 허블상수의 높고 낮음을 판별할 수 없다는 말이다. 허블상수가 낮은 값을 가져야 하는 이유는 또 있다. 빅뱅 모델에 의해 은하들이 지금의 대규모 구조를 가지게 되기까지 걸리는 시간을 대체적으로 계산할 수가 있다. 그런데 허블상수가 높은 값을 갖는다면 즉, 우주의 나이가 젊다면 우리가 관측하는 이런 구조가 이루어질 시간이 없다는 것이다. 그런데 최근의 연구에 의하면 허블상수의 값은 구상성단의 나이보다 작다는 것을 보여준다.[7)]

---

7) http://myhome.hananet.net/~sinclair/frame1.htm 병윤이의 Paradise of cosmos 2. 허블상수값과 우주의 나이

2. 구상성단의 나이를 이용한다

우주의 나이를 측정하는 두 번째 방법은 구상성단의 나이를 측정하는 것이다. 구상성단은 빅뱅 이후, 은하 내에서 제일 먼저 생성된 천체라고 믿어지고 있다. 그러므로 우리 은하에서 가장 나이가 많은 이러한 구상성단의 나이를 측정하여, 이로부터 우주의 나이를 추정하는 것이다. 구상성단의 나이를 측정하기 위해서는 별의 내부구조와 시간에 따른 별의 변화과정을 알아야한다. 이러한 별의 내부 구조를 이해하는데는 핵융합 반응이론, 열역학이론, 원자물리학이론 등의 기초가 필요하다[8].

별의 나이를 측정하기 위한 기본원리는 별의 전체 질량에 따라서, 별이 태어난 후 적색거성으로 진화하는데 걸리는 시간이 다르다는 것이다. 무거운 별 일수록 핵융합반응이 더 빨리 일어나서 빠른 속도로 진화하게 된다는 것이다. 이러한 기본원리를 바탕으로 구상성단의 나이를 측정해 볼 수 있다. 우리 은하에만 150여개가 존재하는 구상성단은 약 10만개의 별들로 이루어져 있다. 이러한 10만개의 별들은 모두 같은 시기에 형성된 것이기 때문에 기본원리를 바탕으로 별들의 진화 상태를 측정하면 우주의 대략적인 나이를 추정할 수 있다.

이러한 구상성단을 이용한 우주의 나이 측정은 허블상수를

8) 이영욱, 2000, 『우주 그리고 인간』, 동아일보사, 6장 우주의 나이 논쟁 pp.73～74.

이용한 측정치보다 큰 수치가 나와서 문제가 되고 있다. 1995년에 주요프로젝트 팀은 허블상수가 80km/s/100만 pc이라고 발표했다. 이러한 허블상수로부터 도출된 우주의 나이는 100억년 정도밖에 되지 않았다.

그러나 구상성단의 나이는 현재 관측기술의 발달에 힘입어 점점 수치가 젊어지고 있으며 최근에는 115±13억년 정도로 생각되고 있다. 1999년 허블우주망원경 주요 프로젝트 팀은 1999년 5월 28일, 시카고에서 열린 미국 천문학회에서 허블상수의 수치가 71km/s/100만 pc(오차 10%)이라고 발표하였다.

이러한 수치를 가지고 우주의 나이를 계산해보면 +약 120억년이라는 값이 나온다. 이로써 우주의 나이에 대한 모순을 해결할 수 있었으나 측정과정에서의 여러 가지 변수로 인해 아직까지 완전히 해결되진 못했다. 천문학자들의 연구에 따르면 우리 은하에서 가장 나이가 많은 구상성단은 약 120억년 전에 생성된 것으로 추정된다. 1960년대 초 이후 현재까지의 연구에서 구상성단의 나이측정 결과에 큰 변화가 없었다는 사실은 이러한 결론이 상당히 진실에 가깝다는 것을 말해주고 있다.[9)]

9) 이영욱, 2000, 『우주 그리고 인간』, 동아일보사, 6장 우주의 나이 논쟁 p.76.

3. 방사성 동위원소를 이용한 우주의 나이 측정법

우주의 나이를 측정하는 세 번째 방법은 방사성 동위원소의 반감기를 이용한 것이다. 천문학자들은 우리 은하의 여러 천체로부터 관측 가능한 방사성 동위원소의 함량을 분석하여 별들의 나이를 측정한다. 이 방법은 우리 은하의 화학적 진화 모델에 의존하는 등, 분석과정에 많은 불확실성을 내포하고 있어, 다른 두 가지 방법 보다는 정확도가 많이 떨어진다. 이 세 번째 방법으로는 우주의 나이가 50~150억 년 사이로 추정되고 있다[10].

우주의 나이는 방사능 측정 방법으로 가능하다. 학자들은 새로운 방사성 분석법을 사용하여 우주의 나이의 최저값을 계산했다. 우주론학자들은 이 방법을 사용하여 우주의 형성 과정에 대한 모형을 개선하고 정확한 나이를 계산할 수 있을 것이다.

천문학자들은 우라늄238의 붕괴를 사용하여 처음으로 125억년 된 늙은 별의 나이를 계산했다. 이 계산은 칠레에 있는 초거대망원경(Very Large Telescope)에 장착된 고성능 분광기 덕분에 가능했다. 프랑스의 관측소에 있는 Roger Cayrel과 그의 연구팀은 이 장치를 사용해 CS31082-001이라는 늙은 별에서 우라늄238의 스펙트럼을 발견했다. 그의 연구팀에 속해있

10) 이영욱, 2000, 『우주 그리고 인간』, 동아일보사, 6장 우주의 나이 논쟁 pp.76~77.

는 코펜하겐 대학교 관측소의 Jahannes Andersen는 “이 시계는 은하계가 태어날 때 시작되었고 이후의 변화에 영향을 받지 않았습니다. 이것이 바로 이 기술의 장점입니다”라고 말했다.

과거에 천문학자들은 별의 연대를 측정하기 위해 토륨232를 사용했었다. 하지만 토륨의 반감기는 141억년으로 우주의 나이와 비슷하기 때문에 느린 붕괴 속도는 우주 연대 추정에 심한 오차를 가져온다. 우라늄238의 반감기는 45억년으로 좀더 빠르게 붕괴하기 때문에 별의 나이를 좀더 정확하게 측정할 수 있다. 일단 별의 나이를 알면 별은 우주가 생성된 이후 태어났으므로, 그것은 우주 나이의 최저값으로 사용될 수 있다. 우주론학자들은 과거에도 우주의 나이를 제시했지만 여러 연구자들이 자신들의 모형에서 각기 다른 가정을 사용했기 때문에 우주의 나이는 90억 년에서 160억 년 사이의 범위에 있었다.

우주론 학자들은 새로운 방사성 연대 측정법의 출현을 반기고 있다. Hertfordshire 대학교의 Nial Tanvir는 “이것은 우주 모형을 시험하는 좋은 도구가 될 것입니다.”라고 말했다. 새롭게 계산된 최저값은 아직 특정 시나리오를 배제할 만큼 정확하지 못하다. 125억 년에서 불확정도는 30억 년이기 때문에 대부분의 우주론 모형을 포함하고 있다. 하지만 Andersen은 다른 어떤 연대 측정 방법보다 정확한 15억년 이내의 오차 내에서 측정하는 것이 가능해질 것이라고 생각하고 있다. 그는 “비록 핵폭탄에 관한 연구 덕분에 우라늄238

의 반감기가 정확하게 알려져 있지만 원자 분광학 자료는 어느 정도 불확정도를 가집니다"라고 설명한다.

그런데 이러한 측정법에는 그 방법 자체부터 문제점이 있다. 예를 들어, 지구의 나이를 45억 년이라고 측정하는 근거는 지구에서 가장 오래되었다는 암석과 우주로부터 날아 들어온 운석의 나이를 우라늄238의 반감기를 이용해서 측정 한 결과라고 한다. 그런데 그러한 방법은 처음에 암석의 성분이 전부 우라늄이었다는 가정 하에 우라늄과 납의 비율을 계산하여 그 것의 나이를 측정한다. 그런데 초기의 암석이 우라늄100%였는지 아니면 우라늄과 납이 적당한 비율로 섞여있었는지를 모른다. 반감기가 일정하다는 과학적 사실을 근거로 해서 측정을 하더라도 그 측정은 반응 기간을 측정한 것이지 암석의 나이를 측정한 것은 아니다[11].

세 가지 측정 방법의 비교와 신학적 논쟁

이러한 세 가지 측정 방법은 저마다 독립된 방법을 통해서 우주의 나이 측정에 접근한다. 그런데 그렇게 독립된 방법을 사용한다 하더라도 그 측정치는 대체로 100~150억 년 정도로 추정할 수 있다는 것이 이 측정치에 신빙성을 부여하는 것이다. 측정 방법에의 많은 오차들을 감안하더라도 현재의 과학 기술과 인간의 지각 능력의 한계를 생각해 볼 때 이러한 측정치의 일치는 놀라운 것이다. 그런데,

11) http://www.pillar.or.kr/sungho/science/main.htm 창조와 신앙 3. 우주의 기원

이러한 우주의 나이 논쟁은 많은 기독교 신학과의 마찰을 빚었다. 성서의 해석에 의한 우주의 기원과 이러한 과학자들의 과학적 접근 방식에 의한 우주의 기원이 어느 정도 상충되는 부분이 있었기 때문이다. 그런데 현대의 표준 우주 이론은 하나의 대 가정으로부터 출발한다. 그것은 우주가 하나의 점에서부터 대 폭발(Big bang)을 통해서 지금까지 계속 팽창해왔다는 것이다. 그런데 지금까지 과학적으로 증명된 것은 관측으로써 증명된 팽창하는 우주에 대한 생각을 확장해서 그러한 빅뱅이 있었다고 유추하는 것이다. 물론 이러한 빅뱅 초기 우주의 모습은 1978년 노벨상을 수상한 벨 연구소의 펜지아스(Penzias)와 윌슨(Wilson)에 의해서 '태초의 빛'이 처음으로 관측되고, 1989년 미 항공 우주국(NASA)에서 특별 제작한 코비(COBE)라는 우주 전파 망원경을 발사하여 매우 정밀한 관측을 수행하였다. 그 결과 빅뱅 이론이 예측하던 '태초의 빛 스펙트럼과 일치하였다. 가장 강력한 대폭발 우주론의 증거가 바로 이 우주 배경 복사의 발견이다[12]. 이러한 대폭발 우주론(빅뱅 이론)이 여러 가지 관측으로써 증명이 되었다. 그런데 이러한 대 폭발 우주의 타당성을 증명하면 증명할수록 한 가지 의문이 생긴다. 초기에 대 폭발이 있었고, 시간과 공간, 그리고 물질의 창조가 있었다면 과연 '왜' 폭발이 일어났고, 그 '폭발이 일어날 수 있었던 에너지는 무엇이었냐?'는 물음이다. 이러한 물음에 대한 해답은 궁극적으로 기독교적 신의 존재를 생각하게 할 수밖에 없는 대목이다. 과학은 단지 이미 결정된 자연의 법칙을 밝히는 학문이며, 그 보다 한 차원 높은 "왜?"라는 질문에는 직접 답을 줄 수 없기 때문이다[13]. 초기의 작은 우주로부터 지금의 팽창하는 우주가 탄생되었다면, 과연 그 초기의 작은 우주는 어디에서 온 것일까? 물질은 저절로 생겨날 수 없다(열역학 제 1법칙) 법칙

12) http://www.starjoy.net/magazine/mg0105_2.htm

13) 이영욱, 2000, 『우주 그리고 인간』, 동아일보사, 8. 인간을 위한 우주 p.95.

을 생각해 본다면, 이것은 과학적으로 설명하기 힘들다는 것을 알 수 있다. 또 그러한 작은 우주가 어떠한 에너지를 바탕으로 빅뱅 이론에서 주장하는 대 폭발을 가능케 할 수 있었는가? 이러한 생각을 바탕으로 기독교적 입장에서는 빅뱅 이론을 부정하고, 우주는 신의 섭리에 의해서 처음부터 질서와 조화를 갖추게 된 것이라고 주장한다. 즉, 우주에 있는 질서와 조화를 폭발이라는 혼란스러운 방법으로 되었다는 것은 상식에 어긋난 것이라는 것이다. 그런데 재미있는 사실은 역사상 유명한 과학자 가운데 상당수가 신실한 기독교인이었다는 사실이다. 그것은 과학이 기독교 문명 사이에서 시작되었기 때문에 생긴 당연한 결과이다. 만일 불교 사회에서 과학이 태동 하였고 그리고 흑인 사이에서 과학이 태동하였다면 과학자는 불교인이고 그리고 흑인 이었을 가능성이 크다는 평범한 이치가 아닐까.

지동설을 주장했던 갈릴레이, 행성의 운동 법칙을 발견한 케플러, 만유인력 법칙을 발견한 뉴턴이 대표적인 예이다[14]. 즉, 이러한 과학자들의 인류와 우주의 기원에 대한 끝없는 연구는 신을 부정하려 하는 것이 아니고 단지 종교와 무관한 과학이라는 영역을 발전시킨 것이다. 과정이 신의 섭리를 깨달아 가는 하나의 과정으로 발전된 것이 아니다.

케플러는 "성직자들이 성경을 연구하여 신의 뜻을 알려주는 자라면, 천문학자는 우주를 연구하고 거기에 나타난 창조주의 섭리를 발견하고 알려주는 천문학의 제사장이다."라고 말한 바 있다.

14) 이영욱, 2000, 『우주 그리고 인간』, 동아일보사, 6. 우주의 나이 논쟁 p.70.

제 9 장 공간의 이해

1. 상대성 이론

아인슈타인이 상대성 이론을 처음 발표한 것은 1905년의 일이다. 그 후 오늘날에 이르면서 이 이론은 세련되며 보편적인 이론으로 굳어졌다. 처음에는 상대성 이론 이야말로 기괴하고 이해하기 힘든 이론이었다. 그러나 지금은 얼마나 멋지고 훌륭한 이론인가.

상대성 이론에는 특수 상대성 이론과 일반 상대성 이론이 있는데 이 둘은 커다란 두 줄기의 맥인 것이다. 그러면 이 두 가지 흐름인 상대성 이론 중에서 어느 것이 더 멋지고 난해한 이론일까? 그리고 어느 것이 나중에 나타난 더 완성된 이론일까. 이런 것을 물으면 물리학을 전공한 사람이 아닌 대부분의 사람들은 일반 상대성 이론이 발표되고 나중에 특수 상대성 이론이 나왔으리라고 생각한다. 또한 당연히 특수 상대론이 더 어렵다고 생각한다.

정말로 그러한가? 그러나, 특수 상대성 이론이 먼저 나왔다. 아마도 사람들은 일반적인 것보다 특별하고 특수한 것을 좋아하는 것 같다.

그래서 일반 보다는 특수라는 것을 더 선호한다. 이것은 커다란 착각이다. 특별하다고 다 좋은 것은 아니다. 특별하다고 하는 것은 오히려 예외적인 것이다. 일반적이라고 하는 것은 보편성이 있다는 말이고 타당성이 있다는 것이다. 보편타당함은 어떤 것 인가? 진리를 말하는 것은 아닌가? 즉 진리는 일상적임에 있다는 것이다.

누구나 인정 하는 것이 올바르며 진리일 가능성이 큰 것이다. 그러나 우리는 어느 틈엔가 유별나다든지 특별한 것을 찾게 되었다. 그래서 특수란 말이 더 멋있고 그럴듯 하다고 생각하게 되었는지도 모른다. 상대성 이론도 특수 상대론이 먼저 나오고 일반 상대성 이론은 나중에 나왔다. 특수 상대성 이론은 지엽적이고 충분하지 못하다.

특수 상대성 이론 정도는 고등학생도 충분히 이해할 수 있는 것이다. 그러나 일반 상대성 이론은 참으로 난해하다. 일반 상대성 이론은 대학교 학부과정 에서는 취급하기 어려울 만큼 정도가 높은 것이다.

그러면 일반 상대성 이론을 살펴보자.

일반 상대성 이론은 1915년 아인슈타인이 제창한 것이다. 일반적인 독자들을 위한 상대성 이론이란 책의 내용의 대부분도 특수 상대성 이론에 대한 것을 다루었다. 일반 상대성 이론에 대한 자세한 것은 복잡하니 기본적인 개념 정도로 소개를 하게 된다. 왜냐하면 일반 상대성 이론을 상세히 표현하는 데에는 복잡한 수학이 사용되기 때문이다. 이것이 이해하기 힘든 것이다. 물리를 설명하는데 수학이 꼭 필요 한 것인가? 그렇다면 수학과 물리학은 어떤 관계가 있는 것인가?

물리학은 자연현상을 다루는데 있어서 그 근본 이치나 원리를 캐는 학문이다. 미지의 세계에 대하여 설명을 하여야 하는 것이며 이때에 필요한 것이 언어이다. 말하자면 과학자의 생각을 다른 이에게 전달을 한다고 하는 것이다.

한 예로, 더한다는 개념을 생각해 보자. 사물의 증감을 나타내는 데에 더하기 개념을 사용하자. 그러나 더한다 하더라도 좀더 복잡한 개념을 설명하기 위해서라면 더한다는 개념만으로는 부족하다, 그래서 더한다는 개념을 더욱 확장시킨 개념인 합(Σ, summation)이 탄생한 것이다. 그러나 때로는 이것으로도 설명할 수 없는 더욱 고도의 표현이 필요하다 이때 우리는 적분이라는 기호를 사용한다. 그러나 단순한 적분 기호로는 부족하기 때문에 중적분이나 순환적분 등 복잡한 기호를 사용한다. 그렇게 하면 자연을 잘 설명할 수 있을까? 아직도 지금까지의 기호로는 상당히 부족하다고 할 수 있는 것이다.

만일 지금의 기호로 표현할 수 없다고 하면 어떻게 하면 좋은가? 그 때에는 새로운 기호를 만들면 되는 것이다. 그리고 기호를 만드는 것만으로는 부족하다. 이러한 기호를 적절히 배합하여 복잡한 열쇄를 만들어야 한다. 뿐만 아니라 해를 구해야 한다.

즉, 자연의 비밀을 밝혀내야만 하는 것이다. 수학이라고 하는 것은 단지 언어인 것이다. 말하자면 논리적인 언어인 것이다. 모순이 없으면 되는 것이다. 그런 것을 보면 수학은 물리학을 하는 데에는 절대적인 도구이며 수단이 됨을 알 수 있다. 만일 수학이 없다고 한다면, 물리학이란 학문도 있을 수가 없는 것이다.

그러면 나중에는 어떻게 될 것인가? 우리에게 기대되는 미래의 시대는 아마 완벽하고 절대적인 문자, 그것도 모든 것을 표현하는 문자가 나올 것이다.

모든 것을 다 표현 할 수 있는 언어, 이런 언어는 어떤 것인가? 그림 문자이면 된다. 필요한 모든 것을 그림으로 표현하면 되기 때문이다. 그렇다고 한다면, 우리의 미래에는 상형문자가 새로운 각도에서 부각될 것이다.

상형문자야 말로 완벽하고 훌륭한 과학의 문자로 등장할 것이다. 이쯤 된다고 하면, 과학은 이미 형이하학이 아니다. 수학과 물리학도 둘이 아닌 하나가 되며 수학은 이미 물리학자의 전유물이 아니다. 이때쯤 되면 과학은 철학이나, 형이상학, 이학(理學)의 범주에 들어가지 않을까? 즉 학문도 하나를 이루게 된다고 하는 것이다.

동양적인 측면에서는 당연한 귀결일 것이다. 그렇다고 한다면 세상의 원리나 우주 원리는 완성이 되는 것이다. 더 할 일이 없어지니 물리학자는 이제 휴업계를 내야 할지도 모르는 판이다.

말이 안 된다고 생각될지도 모르지만 모든 것이 상대적이다. 상대성 이론이 말하는 바처럼, 이 세상에서 절대적이라는 것은 없다고 하니 이러한 주장이 틀리다고 누가 말할 것인가? 그러면 상대성이론에 대하여 살펴보기로 하자.

먼저 특수 상대성 이론을 살펴보겠다. 특수 상대성 이론의 기본원리는 다음과 같은 두 가설에 기본을 둔다.

제1가정 물리학의 기본법칙은 서로 등속도 운동을 하고 있는 모든 기준틀에서 같은 형식의 방정식으로 표현된다.

제2가정 진공 속에서의 광속은 광원이나 관측자의 운동 상태와는 관계없이 모든 방향으로 같은 값을 가진다.

제1원리는 특수 상대성 원리라고 부르는데 이것은 우주 내에 절대적인 기준틀이 없음을 나타낸다.

만약 물리법칙이 서로 상대운동을 하고 있는 두 관측자에 대하여 서로 다른 모습을 하고 있다면 이런 차이를 이용하여 어느 기준틀이 정지하고 어느 기준틀은 운동하고 있는지를 알 수 있을 것이다. 그러나 실제는 절대적인 기준틀이 없기 때문에 누가 운동하고 있는지를 알 수 없다고 하는 것이다. 이해를 돕기 위하여 다음을 생각하자. 내가 뛰어 간다고 하면, 주변의 물체가 절대적인 기준틀처럼 행동한다. 그래서 내가 움직이는 것을 관찰 할 수 있다. 만일 아무 것도 없는 허공에서 내가 움직인다고 하자. 내가 움직이는 것을 알 수가 있는가? 밤하늘에 반짝이는 별들을 보면 별들이 움직인다. 그러나 지구는 움직이지 않고 그저 가만히 있다. 움직이는 것은 반짝이는 별일뿐 도대체 누가 움직이는 것인가? 우주를 비행하고 있는 나 또한 그렇다. 나는 움직이지 않고 가만히 있는데 별들이 움직이고 있는 것이다. 그러다가 다른 움직이는 물체를 만났다고 하자. 그래도 역시 내가 움직이는지 상대방이 움직이는지 알 수가 없다. 모든 것이 상대적이기 때문이다. 그러나 우주에 절대적인 기준틀이 있다고 한다면 문제는 다르다.

우주에 특정한 한 가운데가 있다든지, 우주에 절대적인 기둥이 있다고 해 보자. 그러한 기둥은 모든 것의 기준이 될 테이니 기둥을 기준으로 삼는다면 어떤 것이 움직이고 어떤 것이 정지하고 있는지를 알 수가 있게 되는 것이다. 우주의 한 가운데라면 그것이 우주의 중심이 된다. 우주에는 중심이 있다는 말이 된다. 그러나 우주에는 특정한 중심이나 기준이 있을 수 없다는 것을 알 수 있다. 이것을 상상 속으로 그린다면 한 가지 해답은 찾을 수 있다. 아무리 우주가 크다고 하더라도 내가 핵심이니 내가 기준인 것이다. 내가 움직이면 우주가 움직이는 것이요 내가 서 있으면 우주가 서있는 것이다. 우주의 팽창조차도 그 근원은 나로 비롯하는데 하물며 우주의 움직임이야 어떨 것인가? 그러나 본시 내가 네가 아니요 네가 내가 아니니 이 자연 속에서 정지하고 있는 것은 나라고 할지라도, 모든 것이 상대적이어서 우주가 움직임은 내 비록 정지하나 우주가 움직이니 이 또한 내가 움직이는 것이요. 내가 움직임은 또한 소우주가 움직이는 것이요 전 우주가 움직이는 것이니, 이것은 나와 우주가 분리될 수 없음을 말하는 것이다.

말하자면, 내가 너이며 네가 나임을 뜻하는 것이다. 이것이 진정한 우주와의 합일 아닌가! 이것이 이학적인 표현 아닐까? 다시 물리의 세계로 돌아가자. 광속이 일정하다고 하는 것도 쉽게 이해하기 어려운 것이다. 이러한 광속이 일정하다는 법칙과 절대성을 부정한 원리가 시간과 공간을 이해하는데 절대적인 기여를 하게 됨을 알 수 있다.

이러한 제2원리를 광속 불변의 원리라고 한다. 이것은 마이켈슨 몰리(Michelson－Morley)의 실험 결과로 얻어진 것이다. 이 두 가설은 간단한 것 같지만, 이러한 가설이 시공에 대한 일상적이고 직관적인 개념 자체를 송두리째 바꾸어 버린다. 그리고 이런 원리에 의해 절대성이 부정되는 것이다.

일반 상대성 이론의 기본가정은 다음과 같다.

제1가정 물리법칙은 좌표계의 운동 상태와는 관계없이 모든 좌표계에서 동일한 형태로 표시된다.

제2가정 외부로부터 격리되어 고립되어 있는 어느 관측자도 중력장에 의한 효과와 계의 가속도에 의한 효과를 구별할 수 없다. 이것을 등가원리라고 한다.

무엇보다 상대성이론에서 주목할 것은 상대성이라는 말이다. 이것은 절대성을 부정하는 것이다. 그렇다면 우리의 주장은 어떤가. 대부분의 사람들은 자기의 불완전함은 인정하지 않으며 단지 자기의 주장만을 내세우게 되는 것이다. 자기는 올바르며 절대적이라는 것이다. 그래서 이웃과 쉴 사이 없는 논쟁을 벌이다.

사람의 생각이라고 하는 것은 자신의 자(척도)로 세상을 측정한 것을 전제로 한 것이다. 만일 그렇다면 내가 잰 값은 얼마이다. 하면 되는 것이지 '너는 잘못 재었다'라고 말할 필요가 없는 것이다.

모든 측정에는 편차가 있게 마련이며 더구나 자신의 자가 잘못 되었는지도 모를 일 아닌가? 나만이 옳다고 한다면 이것이 절대성이다.

1m의 물체를 잰다고 하자. 특수상대성 이론에 의하면 '이 막대가 1m이다'라고 아무리 주장 한다 해도 소용이 없다.

얼른 이해가 안가겠지만, 정확히 말하여 철수가 잰 '막대는 1m이다'라고 할 때 이것이 특수 상대성 이론 적으로 볼 때 옳다는 것이다. 내가 1시간을 공부한 것도 만일 다른 사람이 측정을 한다면 5시간이 될 수 있으므로 '갑돌이가 재어보니 내가 5시간 공부했다'라고 말한다면 특수 상대성 이론으로 볼 때 정확한 답변이 되는 것이다. 갑돌이가 측정한 5시간은 갑돌이의 입장에서 틀림없이 올바른 것이다. 이것을 내가 한 시간 내내 공부했는데, 갑돌아 무슨 소리인가 아무리 주장 해봐야 소용이 없는 것이다. 이것이 상대성이다.

시간이나 공간도 상대적이다. 이미 말한 것처럼 시공이 상대적이니 측정되는 시간과 공간도 일정치 않다. 그러나 여기에 한 가지 전제가 있으니 그것은 이러한 상대성이 속도라는 변화를 수반할 때 상대적 효과를 고려 할 수 있는 것이다.

이인슈타인도 특수 상대성 이론을 일반화 시켜서 '중력장 이론'으로 하였다. 그래서 이것을 일반 상대성 이론이라고 부르는 것이다. 우리 삶에 있어서라면, 진실로 너는 너대로 옳고 나는 나대로 옳다고 하는 것 이것이 상대성이다. 너와 나의 특수성을 인정해 주고 나아가서는 일반화 한다는 것이다. 이것은 말하자면 시비의 차원을 떠난 아름다운 자리이다. 구태여 말하자면, 오행의 차원을 올라서니 음양의 차원이 나타나고, 음과 양이라는 것은 시비의 차원이니 이것마저 초월한 자리가 무극의 자리요, 절대 진리의 자리이며 이것을 아마도 상대적인 자리라고 표현했다면 너무 지나친 비약은 아닐까, 이에 대한 판정은 여러분에 맡겨 보겠다. 단지 말하여 이것만이 절대적이라고 하는 것은 위험하다는 것이다. 절대적이라고 하는 기준이 없을 뿐 아니라 말 자체가 독단에 흐르기 때문이다. 그러니 '우리의 삶에 있어서도 이것만이 절대적인 진리이다'라고 하는 말은 다소 자제함이 어떨까.

2. 빛이 휜다

시공을 이해하는데 상대성 이론만큼 훌륭한 이론은 드물 것이다. 그러나 우주 창생이나 시공을 이해하는데 상대성 이론 만으로는 가능하지 않다. 그럼에도 불구하고 일반 상대성 이론 및 특수 상대성 이론 모두 시공을 이해하는데 있어서는 아주 독보적인 존재이다. 그러면 이들을 중심으로 시공의 이해에 어떻게 전개 되는지를 살펴보자.

특수 상대성 이론에 의하여 물리학의 기본 법칙은 등속도

운동을 하고 있는 모든 기준틀에서 같은 형태의 방정식이 된다는 것을 알았다. 진공 속에서 빛의 속도는 광원이나 관측자의 운동 상태와는 무관하게 일정하다. 즉 광속 불변의 원리이다. 이것이 특수 상대성 이론의 기본 골자이다. 이러한 특수 상대성 이론이 시공을 이해하는데 좋은 역할을 한다.

여기서는 일반 상대성 이론에 의한 공간을 이해해 보겠다. 일반 상대성 이론의 기본 가정에 의하면 모든 물리법칙은 좌표계의 운동 상태와는 관계없이 모든 좌표계에서 동일한 형태로 표시된다. 그리고 외부로부터 격리되어 고립되어 있는 어느 관측자도 중력장에 의한 효과와 계의 가속도에 의한 효과를 구별할 수 없다는 것이다.

이것을 등가원리라고 한다. 우리는 이중에서 등가원리를 살펴보기로 하자. 물체는 아래를 향하여 떨어진다. 수소를 가득 담은 고무풍선이라면 몰라도 대부분의 물체가 아래를 향하여 떨어지는 사실을 당연히 생각하며, 이것에 대하여는 의심할 필요도 없다. 물체가 아래로 떨어지는 것이 만유인력에 의한 것임도 이미 설명할 필요가 없을 것이다.

동전을 달에 가서 가만히 놓으면 어떻게 될까? 이때에는 당연히 달의 표면에 떨어지겠지. 동전은 지구가 아닌 달의 위에 떨어진다. 그렇다면, 만일 우주 공간에 동전을 가만히 놓으면 어떻게 될까? 우주 공간에 가만히 놓여있는 이 동전은 지구도 달도 아닌 우주 공간에 가만히 머물러 있게 될 것이다. 그러나 사실은 이런 동전도 정지한 것이 아니라 시간과 더불어 어디론가 움직이고 있음을 알 수 있다. 이 동전에는 우리가 인식할 수 없을지 모르지만 태양의 인력이나 지구의 인력과 같은 다른 천체의 인력이 작용하고 있는 것이다. 그렇다면 그 힘들 중에서 가장 우세한 힘에 이끌리어 움직이게 될 것이다. 이런 운동은 고전역학 적으로 자세히 설명할 수 있다. 이러한 동전에 작용하는 하는 힘은 중력효과이다.

이 동전은 어쩔 수 없이 움직이게 되겠고 이렇게 움직일 수뿐이 없는 것이 이 우주에 있는 모든 물질의 속성이다. 모든 물질이나 사람은 외부(환경)의 영향을 받으며 혼자 있는 존재는 아니라는 것이다.

이러한 움직임이라고 하는 것은 변화이니 모든 물질은 변화 속에 있는 셈이다. 그런데 이 동전에 외부에서 힘이 가해지면 어떤 일이 일어날까? 동전의 속도는 점점 빨라짐을 알 수 있다. 이것을 다르게 표현 한다면 동전은 가속도를 가지게 된다는 것이다. 즉 동전의 움직임이(속도) 점점 빨라진다고 하는 것이다.

중력장 안에서 동전을 가만히 놓으면 어떻게 될까?, 이때에도 동전의 속도는 점점 빨라진다. 외력이 작용하는 것이나 중력이 작용하거나 속도가 빨라지는 것은 같다.

아인슈타인인의 일반 상대성 이론에 의하면 이와 같은 중력장의 효과나 가속도에 의한 효과가 같다고 하는 것이다. 그렇다면 어떤 결과가 일어날까? 이런 가정에 의해 다음과 같은 가상적인 추론을 해 낼 수 있다.

그림 14에서처럼 일정한 속도로 진행하는 우주선의 창으로 한 줄기의 빛살이 들어온다고 하자. 이러한 빛살은 직진

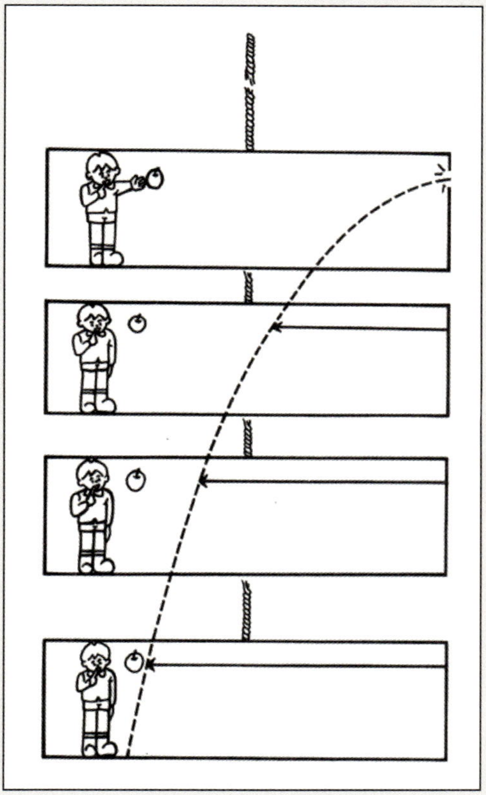

그림 14. 자유낙하 하는 승강기

끊어진 승강기는 가속도가 $9.8m/sec^2$인 중력장이 작용하는 계를 의미한다. 지구의 중력장에서도 빛이 휘는가? 끊어진 엘리베이터 내에서의 사과는 공중에 머물러 있게 된다.

을 하므로 맞은편 쪽에 있는 벽에 도달한다. 그 점에 점을 찍어 보자. 그리고 우주선을 아주 빠른 속도로 가속시키는 것이다. 그러면 어떤 일이 일어날까? 아주 빠른 속도로 가속이 되는 우주선 안이라도 우주선 안에서 본 빛살은 직진하여 점에 닿을 것이다. 그러나 이것을 밖에서 본다면 휘어지게 되니 빛이 직진하는 것이 아니라 마치 굽어서 진행하는 것처럼 보인다. 이것을 자유 낙하하는 승강기를 예로 들어 다시 설명하자.

자유 낙하하는 승강기는 가속도 9.8m/sec^{2}이다. 이런 경우라면 줄이 끊어진 승강기를 생각하면 쉽게 이해할 수 있다. 만일 승강기 내에서 사과를 떨어트린다면 사과는 자유 낙하하므로 공중에 그냥 머물러 있게 된다. 승강기가 아무리 내려가도 사과는 이론상 그 자리에 머물러 있는 것이다.

이러한 승강기 안에 사과의 높이에 바늘구멍의 틈을 내자. 틈을 통해 들어오는 빛살을 밖에서 본다면 어떤 일이 일어날까? 안에서 본다면, 이때의 빛은 계속 사과를 향하여 달려올 것이다. 약간의 시간이 지난다면, 틈으로 들어온 빛은 직진하여 사과에 도달한다. 이것을 승강기의 밖에서 다른 관측자가 본다면, 어떤 현상이 나타날 것인가. 승강기는 시시각각으로 낙하하기 때문에 빛의 모습은 포물선을 그리면서 아래로 굽는 것처럼 보일 것이다. 말하자면 빛은 중력장 내에서 굽는다는 것이다.

이렇게 굽어지게 되는 중력장은 얼마나 어떻게 휠까? 간단하고 쉽게 그릴 수가 있다. 4.9m(약 5m)에서 물체를 자유 낙하시키면 1초 후면 지표에 떨어진다. 그러나 이 지점에서 옆으로 10m/sec의 속도로 던진다면 어떻게 될까? 수평으로 10m 진행한 이후에 이 물체는 땅에 떨어진다.

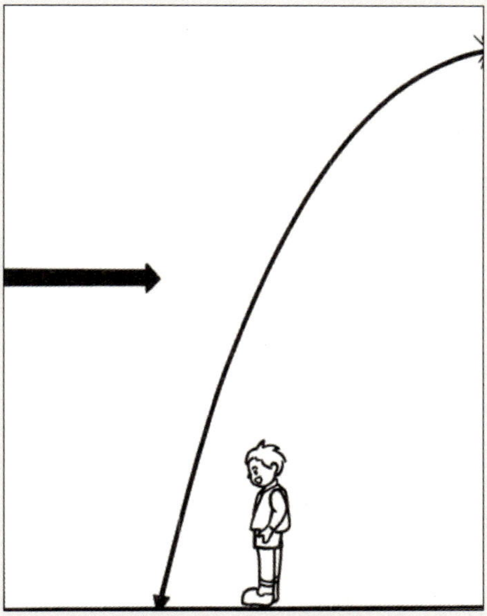

그림 15. 승강기를 통해

들어온 빛의 경로.
중력장 내에서 빛은 그림처럼 휘게 됨을 알 수 있다

이때까지 진행 시간은 공기저항 따위를 무시한다고 할 때 꼭 1초이다. 그렇다면 초속 100m의 속도로 던지면 어떨까? 수평으로 100m 진행 후 땅에 도달 할 것이다. 땅에 떨어질 때까지의 수평도달 거리는 제각기 다를지라도 시간은 언제나 1초 걸린다. 그렇다면 빛의 속도로 달린다면 얼마나 진행할까. 무한히 지평면이 넓다고 하자. 그러면 30만km 진행 후 빛이 땅에 떨어질 것이다. 이때에도 빛의 궤적은 포물선 이며 땅에 떨어지는데 꼭 1초 걸린다.

이것은 모두 일반 상대성 이론을 근거로 한 가상적인 예이다. 이것이 사실이라면 가속도가 작용하는 계는 중력장과 마찬가지의 효과를 나타내니 중력장 안에서도 빛은 휜다는 것을 알 수 있다.

즉, 휘어진 공간에는 중력장이 존재한다는 것이요, 공간에 물질이 존재한다면 휘어진다는 것이다. 사실 곡률이라는 말과 중력장은 같은 말이다. 시공의 곡률은 물질에 의해서 발생하므로 공간이 휘어진 것은 물질의 양과 관계한다.

이것의 계산은 상당히 복잡하다. 시공 내의 한 점 일지라도 이곳의 곡률을 설명하는데 좌표에 관해서 20개의 함수가 필요하다. 이들 변수 중 10개는 물질의 질량, 에너지, 운동량,

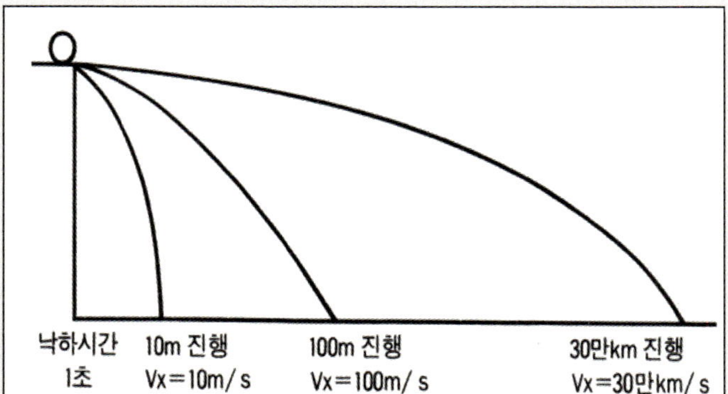

그림 16. 시공의 곡률

빛의 속도로 던지면 30만 km 진행 후 바닥에 떨어진다. 빛이 왜 땅에 떨어질까? 그것은 공간이 휘기 때문이다. 수평도달 거리는 V_x 에 의해 결정된다. 그러나 수직거리는 V_x 에 무관하게 1초가 걸린다.

각운동량, 내부 압력 등의 분포와 뉴튼의 중력상수 G에 의해 결정된다.

나머지 10개의 함수는 곡률 속에서 중력과 '곡률의 잔물결'의 형태로 자유로이 전파되는 부분에 적용된다. 따라서

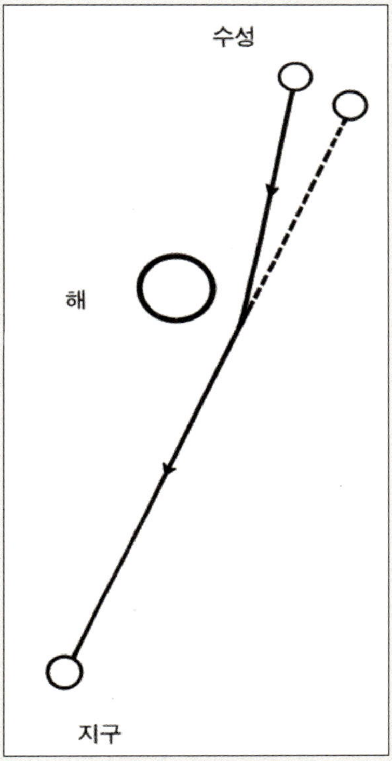

그림 17. 수성의 근일점 이동

수성에서 출발한 빛이 태양에 의해 그 경로가 휜다. 이것을 수성의 근일점 이동이라 하는데 아인슈타인은 1.73초로 예언하였고 실제 관측에 의하면 2.28-1.31초가 된다.

중력상수는 그 역수를 취할 때 시공의 강도(stiffness)의 척도로 나타난다. 즉 중력이 큰 곳은 많이 휘어있다, 곡률이 크다는 것이다.

통상의 경험으로 본다면 아주 간단한 시공의 구조이나 여기에 수학적인 엄밀성을 부여하는 것이 이다지도 어렵구나 하는 것을 느끼게 된다. 이렇게 복잡한 상대성 이론이지만, 이런 이론들의 일부가 실험적으로 증명이 가능하다. 관측으로 입증할 수 있는 좋은 예가 수성의 근일점 이동이다.

빛은 중력장 안에서 휘기 때문에 만일 중력이 큰 별이라면 빛을 아주 많이 휘게 한다. 또 이러한 별에서 나오는 빛은 파장이 길어진다. 이것을 적색편이라고 하며 별의 중력이 지나치게 크면 빛조차 빠져 나오지 못하게 된다. 이것은 이미 우리가 다룬 검은 구멍이다. 특수 상대성 이론에 의하면 빛의 속도는 일정하다.

우리는 빛이 직진한다는 사실을 알고 있다. 그런데 여기서 본 것은 빛이 휜다는 것이다. 빛이 휘다니 어찌된 일인가? 빛은 휘지 않으며 언제고 직진을 하는 것이다.

그렇다면 중력장 안에서 빛이 휜다고 하는 사실은 어떻게 설명하면 좋은가? 빛이 휘는 것이 아니라 공간이 휘는 것이다. 이렇게 휘어진 공간을 따라서 빛은 직진하는 것이다. 그렇다면 물질이 분포하는 공간은 휘어 있는 셈이 아닌가? 그렇다, 공간은 휘어져 있다. 말하자면 공간은 일그러진 셈이다. 우리는 이와 같은 일그러지고 찌그러진 공간을 어떻게 이해하면 좋은가.

3. 일그러진 공간

공간의 구체적인 모습을 살펴보자. 이것은 공간의 기하학적 모습을 그려 보자. 기하학적으로 자와 콤파스를 가지고 종이 위에서든 머리속이든 공간의 기하학적 모습을 그리자는 것이다.

우리는 이미 우주의 상당 부분을 이해하기 시작했다.

안도 거죽도 없는 그러한 우주와 또한 이러한 우주가 나를 중심으로 팽창한다는 사실 이처럼 하나하나의 비밀을 이해할 때 우리는 우주와 좀더 가까워지고 친숙해지는 것 아닐까? 그러면 이미 살펴본 것처럼 중력에 의해 찌그러진 우주 공간부터 살펴보도록 하자.

우주에 중력이라는 것이 작용하고 있는데 만일 공간이 찌그러진다면 그것은 공간에 질량이 분포하고 있다는 것을 의미한다. 그러니 질량이 분포하는 큰 별이나 작은별, 은하계의 주변은 공간이 찌그러져 있다는 것을 의미한다. 그렇다면 전체 우주 공간도 심하게 찌그러진 것은 아닐까 하는 것이 당연한 결론이다.

그러나 이런 것이 무엇을 의미 하는지 구체적으로는 잘 모르던 일이다. 우리가 알고 있는 개념은 3차원 공간이 수직으로 사방과 상하로 만나는 말하자면 유클리드 기하학에 길들여져 있다. 그러나 실제의 공간은 비유클리드 적인 것이다.

간단히 말해 보자, 유클리드 적인 것과 비유클리드 적인 것은 어떤 차이가 있는가. 공간이 유클리드 적이라면 그 동안

중등교육에서 배운 기하학이 통용된다. 원래 유클리드 기하학이라는 것은 도형의 성질을 논하기 위하여 시작된 것이다. 점이나 선 면 등을 다루게 되는 평면 기하학을 토대로 하고 있으며 입체에 기초를 둔 공간 기하학을 다루는 입체 기하학도 있다.

이러한 기하학은 후에 데카르트(Descartes)에 의하여 체계화되었는데, 이 후로부터 미분기하학이라고 하는 자유롭고 명쾌한 새로운 분파가 탄생한다. 이 후에는 사영(射影)이나 절단 등의 위치적 성질을 논하는 사영 기하학이 생긴다. 이모든

그림 18. 검은 구멍

극도로 일그러진 공간에 사상의 지평면이 보인다

찌그러진 공간의 개념은 기하학에도 영향을 주니 이전의 유것이 유클리드 기하학에 기초를 두고 있는 것이다. 그런데 클리드 적인 사고에 일대 전환을 마련하는 셈이다. 말하자면 비유클리드 기하학이 탄생하는 셈이다. 이러한 비유클리드 기하학은 독일의 수학자 리만(G.F.B.Riemann)이 유클리드 기하학을 휘어진 공간에 까지 일반화 시킨 것이다.

수학에 있어서 새롭고 멋진 세계를 인도하는 위상기하학(位相幾何學, topology)이라는 분야는 이렇게 하여 탄생한 것이다. 우리가 보는 일상적인 2차원의 휘어진 공간은 곡면이라는 개념으로 잘 알려져 왔다. 이것은 3차원인 유클리드 공간을 2차원의 입장에서 바라본 것이라고 생각되었다. 그러나 리만은 이러한 휘어진 공간을 확장하여 여러 차원에서도 가능하다고 하는 것이다.

이러한 비유클리드 기하학에 도입하였던 이론은 일반화되니, 1912년에서 1915년 사이에는 특수 상대성 이론에 까지 적용되기에 이른 것이다. 비유클리드 기하학은 크게 쌍곡선 기하학과 타원기하학으로 볼 수 있다.

유클리드 기하학에서는 평행의 공리라고 하는 것이 있다. 이 공리는 직선과 직선 밖의 한 점이 있는데, 이 점을 지나면서 직선에 평행한 직선은 단 하나뿐이 없다는 것이다. 그러나 다른 공리로 재차 증명을 하여야 하는 것이다. 그런데 이것은 모든 수학자의 노력에도 불구하고 실패하고 말았다. 실제는 평행선이 하나 더 있어야 한다는 것과 하나도 없어야 한다는 것이다.

평행선이 둘 있어야 한다면, 쌍곡선 기하학이 되는 셈이고 평행선이 하나도 없다는 것은 타원 기하학이다. 이들을 상대성 원리와 관련시켜 본다면 인력이 작용하는 3차원 공간은 타원적이라는 것이다. 그러니 공간을 참으로 나타내는 데에는 타원 기하학을 적용해야 한다. 타원 공간에서는 직선 밖의 한점을 지나되 원래의 직선에 평행한 직선은 얼마 안가서 원래의 직선과 만나게 된다.

따라서 직선위의 무한 원점은 존재하지 않으니, 직선 위의 한 점에서 평행선을 그린다면 아무리 잘 그린다 하더라도 유

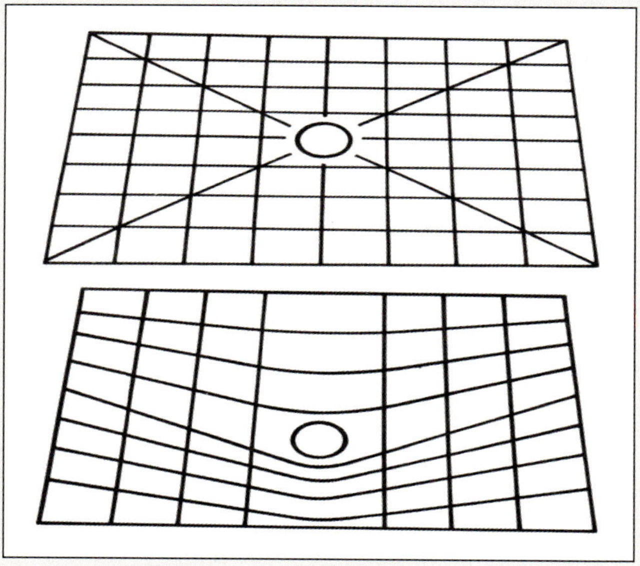

그림 19. 시공 내에 물질이 있다고 하자. 그렇다면 시공은 휘게 될 것이다. 휘어진 공간은 유클리드 기하학을 적용할 수 없게 된다

한거리를 진행한 후 만나게 된다.

이것은 지구 위에다 삼각형을 그려봐도 내각의 합이 180도보다 크다는 사실과 일맥 통하게는 것이다. 기하학의 기본 가정이라면 당연히 삼각형의 내각의 합은 180도이다. 그러나 실제에는 그렇지가 않은 것이다. 이것은 원주율에도 작용되니 원주율이 3.1416이 아니라 원의 크기가 클수록 3.1416보다 작아진다. 이러한 세계에는 평면이나 입체의 크기도 한계가 있다. 그렇다고 한다면, 우주도 유한한 크기를 가진다고 보아야 할 것이다. 그러니 우리가 살고 있는 우주도 이러한 유한 우주가 아닌가 생각된다.

곡률로 친다면 음(-)의 곡률을 갖게 되는 것이며, 이런 모

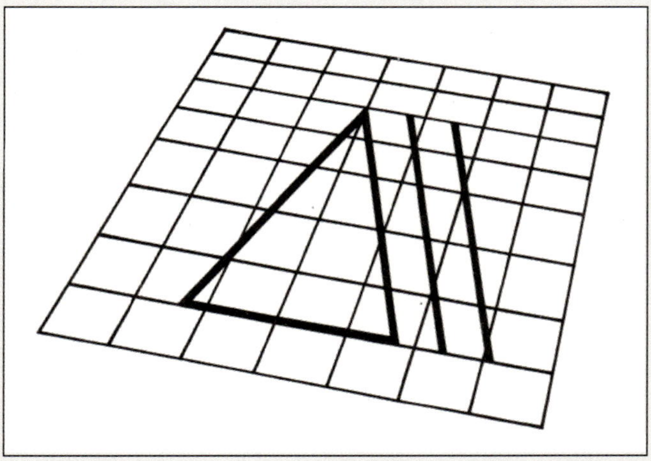

그림 20. 곡률반경이 무한대, 즉 곡률이 0인 공간이다. 이러한 공간이면 유클리드 기하학이 적용될 수 있을 것이다

습의 우주의 공간은 마치 말안장과도 같이 휘어지는 모습을 갖게 되는 것이다. 그러나 반대로 삼각형의 내각의 합이 180도가 안되며 원주율이 파이보다 크다면 여기에서는 쌍곡선 기하학이 적용되는 말하자면 무한정의 우주가 되는 셈이다. 이렇게 휘어지는 우주의 공간들 아마 공간이 굽어지고 시간이 굽어진다고 본다면 이상이 없는 것이며, 이러한 기하학적인 구조가 우주의 모습이다. 이러한 일그러짐을 재차 설명해 보자.

이미 설명한 것처럼 유클리드 기하학에서는 한없이 긴 직선을 생각할 수 있다. 이러한 긴 직선이 휘어져 있다고 하자.

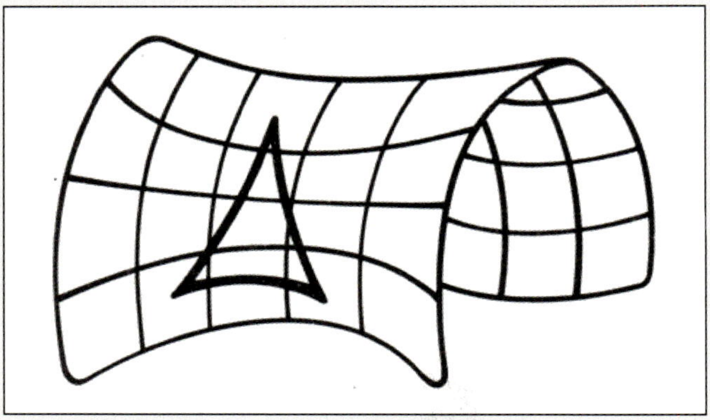

그림 21. 부(−)의 곡률반경을 가지는 우리가 예상하고 있는 우주의 모습이다. 이러한 공간은 말안장 같이 생겼다. 부의 곡률반경을 가지는 공간의 평면 위에 그은 삼각형 내각의 합은 180°보다 작아진다. 이러한 공간에 기하학을 적용시킨다면 이런 것을 보야이−로바체프스키의 비유클리드 기하학이라고 한다

이렇게 휘어진 공간은 굽은 정도에 따라서 휘어진 곡선의 안쪽에 내접원을 그릴 수가 있다. 직선이라고 한다면 내접원은 그릴 수가 없겠고 이것은 말하자면 무한대의 반경을 가지는 내접원을 그리게 된다.

이처럼 생각한다면 직선은 반경이 무한대인 원의 일부가 되는 것이다. 이러한 내접원은 곡선의 굽은 정도가 클수록 그릴 수 있는 내접원의 반경도 작아진다는 것을 알 수 있다. 내접원의 반경에 역수를 취하면 이것이 곡률이 된다.

내접원의 반경이 아주 작다면 곡률은 상당히 커질 것이다.

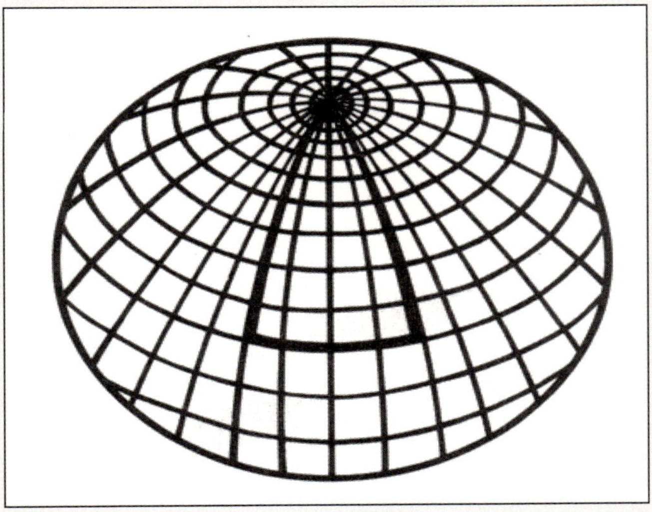

그림 22. 지구 위에서 삼각형 내각의 합을 구하자. 그림은 과장된 모습이나 삼각형 내각의 합은 180^o보다 크다는 것을 알 수 있다. 이런 공간은 곡률이(+)이고 리만의 비유클리드 기하학을 적용할 수 있다.

즉 곡선이 많이 휜다. 이러한 것을 확장하여 공간에도 적용할 수 있다. 실제로 공간이 찌그러져 있기 때문에, 이런 것들을 일그러진 공간에 적용한다면 공간의 일그러진 정도를 알아볼 수 있다. 평면에서라면 원주율이라는 형태가 있지만, 공간적이라면 각도를 확장한 개념으로 입체각이라고 하는 것을 적용할 수 있을 것이다. 이렇게 공간의 휘어짐을 새로운 기하학인 비유클리드 기하학으로 생각해 볼 때, 공간의 곡률도 양으로 휘었는지 음으로 휘었는가를 따지게 되는 것이다. 이렇게 하여 우리가 생각하게 되는 우주의 공간구조는 음의 곡률반경을 가지는 마치 말안장과도 유사한 모습을 보이는 그러한 휘어진 공간모습을 나타나게 된다.

우주의 실상이란 이런 것이다.

4. 애매한 공간

3차원의 공간을 나타내려면 (x,y,z)라는 세 개의 좌표이면 충분하다. 4차원의 세계는 우리가 살고 있는 시공이며 이를 우주라고 한다. 이러한 4차원의 세계는 공간의 차원에 하나의 차원이 더 추가 되면 된다. 말하자면 공간에 시간의 차원을 더한다는 것이다. 이러한 시간의 차원을 보태면 좌표는 (x,y,z, −ict)이어야 한다. 여기에서 i는 복소수를 나타내고 c는 광속 t가 시간이다. 이렇게 시공을 나타내는 데에는 허수라는 개념이 도입 되는 것이다. 그런데 이렇게 표현되는 허수에서

허라고 하는 말에 묘미가 있다. 허수에는 또한 많은 것을 철학적으로 내포하고 있다고 하겠다, 4차원에서 나타나는 네 번째 축이 시간과 관계된다는 것을 의미하기도 한다. 그러면 우리가 살고 있는 세계는 과연 실(實)의 세계인가 허의 세계인가. 사실은 허실의 세계이다. 말 자체에서도 허가 실보다 앞에 나온다. 그만큼 우주에는 나타나 있는 부분보다는 감장되어 있는 부분이 많은 것이다. 육신이 살고 있는 세계가 실이라고 한다면 저승에서 살고 있는 영혼의 세계는 허의 세계이다. 진실로 일어나고 있는 사실도 잠시만 지나면 허의 세계인 과거로 빠져 버린다. 이러한 과거는 찰나인 현재보다 또한 얼마나 긴 것 인가? 그러나 한 가지 관과 할 것은 허보다 실이 우선인 것이다. 그것은 무보다는 유가 있고 난 연후에 무가 있는 것과 상통하는 것이다. 사람도 죽어서 보다는 살아서가 중요하다. 우리가 발전하고 무언가 일을 할 수 있는 것도 육신을 가지고 있을 때에 한하여 이다. 그러니 실이 중요하다. 그런데도 불구하고 이에 못지않게 중요한 것이 허인 것이다. 물리학 에서는 이것을 허수를 사용하여 취급한다. 자연의 실체인 원자핵이나 전자 등의 유형체마저도 허수를 사용하지 않고서는 표현이 가능하지 않은 것이다. 자연은 실수와 허수를 동시에 써야지 표현이 가능한 복소수라고 하는 것이다. 말하자면 자연과학이 이제금 자연을 실의 세계가 아닌 복소수의 차원까지 끌어 올리었음을 의미하는 것이다. 우리가 늘 말하는 불확정성 원리라고 하는 것도 사실은 자연의 보여주는 실과 허의 경계요 진실한 모습이다.

우리가 그 동안 여러번 말한 불확정성 원리 이것은 무엇을 의미 하는가? 불확정성 원리란 Δx×Δt는 플랑크 상수보다 크거나 최소한 같다고 하는 것이다. 즉 위치의 불확정도와 시간의 불확정도를 정의해 주는 것이다. 그러나 이것은 다르게 말하자면, 애매한 공간과 애매한 시간이 되는 것이다. 불확정한 만큼 애매하며 이만큼 실의 세계에서는 멀어지는 것이다. 어쩌면 이것은 시공의 경계가 불확실 하여 서로 혼동되어 보이는 것과도 통하게 되는것 아닌가. 이러한 생각을 시공에까지 확장해 본다면 시공도 당연히 복소수로 이루어져야 한다는 것을 알 수가 있다. 이때까지 우리는 3차원 하면 (x,y,z)로 표현하였지만 이제부터는 복소수로 표현해야 올바르다고 하는 것이다. 정말 타당하다. 이렇게 생각한 사람이 영국의 옥스퍼드대학의 수학자 로저 펜로즈이다. 그의 이론은 매력적이다. 만일 시공을 모두 복소수로 표현 한다면 공간은 8차원이 된다. 이러한 8차원 우주는 날줄과 씨줄로 삼베를 짜는 것처럼 올이 바르게 우주공간을 짜 내려갈 것이다.

실제의 공간을 보자, 지상의 물체들은 그 체적에 비추어 볼 때 원자핵이나 전자가 차지하는 비율은 10^{-12}정도이다. 이미 이야기 한 것처럼 물질의 내부라고 할지라도 대부분이 공간인데 이와 같은 공간의 존재에 대해서 별로 주목을 안 하게 된 것이 오히려 이상할 정도이다. 물리학에서 국소 공간 내의 원자나 전자를 나타내어 설명하는데 복소수를 사용한다. 하다못해 전자의 운동을 나타내는 것도 복소수를 사용해야 함에도 불구하고 이들을 기초로 하고 있는 공간에 대해서는 복소수를 적용하지 않는다는 것이 오히려 잘못된 것이 아닐까.

그래서 아인슈타인이 설정한 시공간에 대한 4개의 실수를 펜로즈는 4개의 복소수로 대치한다고 하는 것이다. 그렇다고 한다면 시공은 공간 내에 위치를 나타내는 데에 3개의 차원을 할당하고, 운동의 방위를 나타내는 2개의 차원, 여기에 운동에너지, 각운동량, 분극도를 나타내는 차원을 보태면 모두 8개가 되는 것이다.

이러한 공간을 트위스트 공간이라고 한다. 우리는 이것을 뒤틀린 공간이라고 하자. 우리끼리의 약속이니까. 이러한 뒤틀린 공간은 유한하지만 애매한 공간이다. 뒤틀린 공간 내에서 우리가 볼 수 있는 것은 실수적인 부분이 되지만 이안에는 복소수적 성질을 가지는 많은 소립자들이 있는 것이다. 얼마나 아름다운 이론인가. 그런데 이러한 시공 속에는 수학과 물리학의 불일치가 나타나게 된다.

수학적으로는 명쾌하고 그럴 듯하나 물리학적으로는 도무지 가능하지 않은 모순처럼 보이는 일이 있다. 실제로 이것이 발생한다면 이론 자체가 모순이 된다. 우리는 뒤틀린 공간 내에서 나타나게 되는 이러한 수학과 물리학 사이의 모순을 어떻게 처리하게 되는지를 살펴보자. 이러한 수학과 물리학의 이론과 실체상의 모순을 극복하는 모습은 찬란하기 조차 한 것이다.

그 동안 우리들이 생각하던 공리를 본다면 그림 23 처럼 두 점 사이에는 무수히 많은 점들이 있게 됨을 알 수 있다.

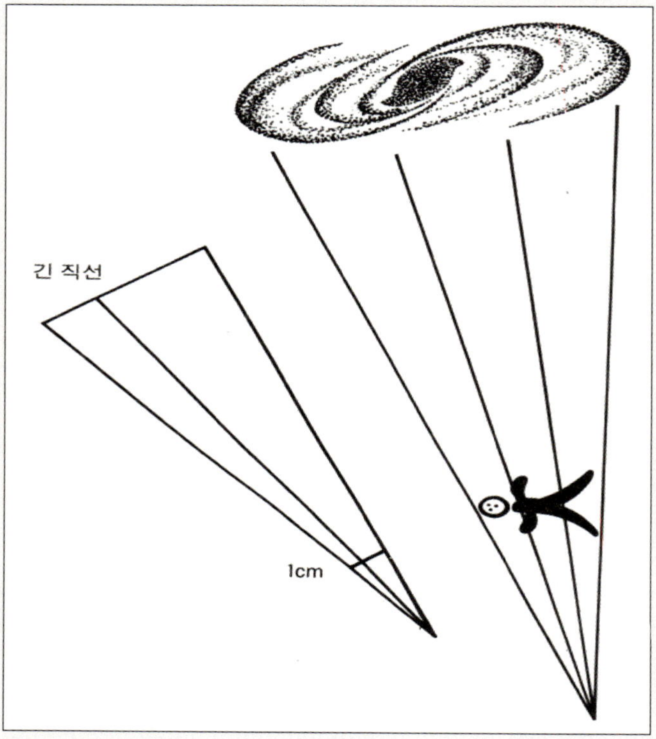

그림 23. 공간 속의 무수한점들. 긴 직선 위의 모든 점과 1cm 선분 내의 모든 점은 1: 1 대응이 된다. 이처럼 우주와 소우주인 사람도 1: 1 대응이 되는 것은 아닌지

말하자면 몇 Km의 직선이나 1cm의 직선 내에나 모두 무한한 수의 점이 있기는 마찬가지 이니 이들은 그림처럼 1 : 1 대응을 이루고 결국은 두 직선은 서로 같은 수의 점들이 있다는 것이다.

공간 내의 일정한 거리 내에는 무수한 점들이 있다. 이 거리는 만일에 원자핵이라든지 원자 크기인 1조분의 1cm의 속이라고 하더라도 마찬가지이다. 1광년 떨어진 거리라고 하더라도 이 속에 있는 점은 원자 범위의 거리에 해당하는 점과 같은 정도라고 하는 것이다. 이것을 그림 23 처럼 수학을 써서 설명한 것이다. 그러나 이것이 물리학적으로 어떻게 가능하다는 것인가? 이러한 불일치는 수학과 물리학을 통일시키는 데에도 모순처럼 나타난다. 참으로 펜로즈를 괴롭히는 실질적인 문제인 것이다. 그러나 프위스터 이론을 써서 이를 증명해 내었다. 펜로즈의 계산한 결과에 의하면 시공 내에는 뚜렷하지만 불가분의 점이 생긴다는 것이다. 그래서 펜로즈는 기존의 긴 직선이나 짧은 직선이나 그 안에는 같은 수의 점들이 존재한다는 기존의 공리에서 벋어나니 임의의 어떤 두 점 사이에는 일정한 수의 점뿐이 존재하지 않는다는 것을 증명한 것이다.

두 직선 사이의 대응 관계는 점들이 양자역학적인 불확정성 때문에 이들 사이에 구별하는 데에 애매성을 나타낸 것이다. 즉 시공속의 점들은 무한한 것이 아니라 유한 것이고 애매성 때문에 연속적으로 보인다는 것이다.

이런 이론에 의한다면, 일반 상대성 이론에 의하여 나타나는 휘어진 공간도 시공의 뒤틀림이 아니라 애매한 공간의 뒤틀림이 되는 것이다. 이와 같은 절차를 밝혀서 우리는 공간의 구조를 탐색하는 것이다. 그러나 작은 시도에 불과하다. 또 자연에 존재하는 유형의 모습들을 설명하는 이론 중에 흥미 있는 것이 있으니 이를 한번 소개해 보기로 한다. 물론

이 이론은 순수 수학 이론이나 자연에 있는 모습을 멋지게 설명해 보인다. 어떻게 보면 그럴듯하기만 하고 정말 그럴까 하는 의구심도 있지만 자연을 설명하려하고 이해하려는 시도가 이다지 눈물겨워 하면서 함께 감상하기로 하자.

제10장 블랙홀 우주

1. 블랙홀의 역사

1783년 영국의 과학자 미첼은 이상한 천체에 대하여 예견하였다. 질량 주변에서 빛이 휠 수 있을 뿐 아니라, 빛이 탈출할 수 없게 하는 천체가 존재한다는 것이었다. 수 년 뒤 라플라스도 비슷한 제안을 하였다. 당시에 이를 믿는 사람은 없었다. '믿는다, 못 믿는다' 보다 단지 무관심 할 뿐이었다. 그런데 20세기 초 독일의 과학자 아인슈타인은 이를 재천명하였다. 그는 상대성 이론에서 빛이 중력에 의해 휨을 증명하였다.

영국의 과학자 휠러는 1969년 정식으로 "블랙홀"이라는 명칭을 만들었다.

1974년 영국의 과학자 스티븐 호킹은 검은 구멍도 다른 천체처럼 빛을 낼 수 있다고 발표하였다.

이제는 모르는 사람이 없을 정도로 친숙한 블랙홀이란 용어가 되어 버렸다. 모든 물질 사이에는 서로 잡아당기는 힘, 즉 중력이 작용하고 있다. 아인슈타인은 물질이 있으면 그 주위의 공간이 휘어지며, 그 휘어짐 자체가 바로 중력이라는 현상으로 나타난다고 해석하였다.

그것은 마치 팽팽한 그리고 탄력 있는 물체 위에 무거운 물체를 올려 놓았을 때와 같은 상황이다.

탄력 있는 물체에 올려놓은 물체의 무게 때문에 깊이 가라앉은 상태가 된다. 여기에다 다른 물체를 올려놓으면 그 물체는 자연히 깊이 가라앉은 중심의 물체를 향해 떨어져 내려간다.

이렇게 깊이 빠진 바닥에서 나오려면 어느 정도 이상의 속도를 지녀야 한다. 그렇지 않으면 도중에 에너지가 없어지는 바람에 다시 바닥으로 떨어지게 된다. 밖으로 나올 수 있는 최저의 속도를 "탈출 속도(이탈 속도)"라 한다. 가라앉은 깊이가 지나치게 커지면 탈출 속도가 광속도를 넘게 된다. 그러나 모든 물체는 빛보다 빨리 움직일 수가 없으므로 이 깊은 수렁에서는 이제 어떤 것도 빠져 나올 수가 없다. 이와 같은 상태가 바로 "블랙홀"이다.

블랙홀은 1783년 이미 영국의 미첼이 질량 주변에서 빛이 휠 수 있다는 가능성에 대해 논했고, 아인슈타인의 일반 상대성 이론의 의해 그 존재를 밝히고 있다. 1915년 아인슈타인은 뉴턴 역학의 모순을 해결한 일반 상대성 이론을 제창하였다.

뉴턴 역학에서는 중력을 힘의 크기와 방향으로 나타내는데 비해 일반 상대성 이론에서는 중력을 4차원 시공의 기하학 구조의 왜곡으로써 나타내고 있다. 뉴턴 이후의 물리학에서는 물질 시간 공간은 서로 무관한 존재로 알고 있었다.

그러나 아인슈타인은 “시공간”의 개념을 바탕으로 이들 모순을 완전히 해결하였다. 물질이 있으면 반드시 중력이 작용하며 또 중력에 의해 시간과 공간이 영향을 받는다고 생각했던 것이다. 시간과 공간과 중력을 통일한 하나의 이론을 확립하였다.

1916년, 독일의 수학자 슈바르츠실트는 구면 대칭인 진공 상태에 일반 상대성 이론을 적용시켜 아인슈타인의 중력장 방정식의 해를 처음 발견하였다. 이것을 슈바르츠실트의 해라하며, 그 구면의 반지름을 슈바르츠실트의 반지름이라 한다.

이해의 성질은 다음과 같다. 슈바르츠실트 반지름보다 안쪽에선 광선마저도 밖으로 나올 수 없으며, 중심에는 중력이나 밀도가 무한대가 되는 “특이점”이 나타난다.

특히, 광선이 밖으로 나오지 못하는 면을 “사상의 지평면”이라 한다. 아인슈타인은 슈바르츠실트의 해에 별로 흥미를 느끼지 못했다. 그것은 점이면서도 밀도나 중력이 무한대가 되어, 물리 법칙을 적용시킬 수 없는 특이점의 존재가 유도되기 때문이었다.

같은 무렵, 독일의 수학자 바일은 비뚤어진 구면에 중력장 방정식을 적용하여 역시 특이점이 있는 제2의 해를 찾아냈다. 그러나 이들 해에 대응하는 물리현상이 실제로 존재하리라고는 당시는 아무도 믿지 않았으며, 다만 이것은 수학 상의 문제로서만 취급되었다.

1939년 미국의 이론 물리학자인 오펜하우머는 매우 무거운 별이 계속 수축해 들어가면 중성자로만 구성된 별이 된다고 예언하였다.

그리고, 특히 무거운 중성자 덩어리는 더욱 수축하여 마침내 한 점으로 집중하게 된다는 것을 이론적으로 증명하였다.

2. 블랙홀이란 무엇인가?

검은 구멍은 일반 상대성 이론에서 예견된 천체이다. 별이 폭발하면 슈바르츠실트 반지름 이하로 극단적인 수축을 일으킬 때 블랙홀이 된다. 이대에는 밀도가 매우 증가하고 중력이 굉장히 커진다. 이러한 천체는 우선 표면이 없다. 어떤 영역의 내부로 끌려간 물체는 중력 때문에 어느 것도 빠져 나올 수 없다.

중력이 지나치게 큰 때문이다. 별이 둥근 것은 별의 표면에 있는 물질들이 압력 때문에 형태를 유지한다. 별의 중력은 물체를 중심으로 잡아드리려 하지만 압력 때문에 일정한 형태를 유지하고 있게 된다. 만일 중력이 계속 증가한다면 어떤 일이 일어날까? 어느 정도 이상이 되면 압력에는 한계가 있으나 압력보다 중력이 커진다면 별이 무너지고 붕괴 될 것을 예상할 수 있다.

이렇게 된다면 별이 수축한다. 그 수축의 중심이 어디일까? 별은 중심을 향해 계속 떨어지게 되어 마지막에는 한 점으로 집중하게 된다.

그 영역은 빛조차도 탈출할 수 없기 때문에 암흑의 세계 블랙홀이라는 이름이 생기게 된 유래 많은 천체는 회전 블랙홀도 회전하는 것이 있다. 회전하고 있는 블랙홀 주위의 공간은 일그러지고, 블랙홀 바깥쪽에 '에르고 구 영역(Ergophere)' 이라고 불리는 공간 영역이 발생 에르고 구 영역 안에서는 공간 자체가 광속 이상의 속도로 블랙홀에 이끌려서 돌고 있기 때문에, 어떠한 운동을 하여도 블랙홀이 도는 방향으로 끌려가게 된다.

이 점은 밀도가 무한대이다. 중력의 세기 역시 무한대이다. 이 점을 특이점이라고 한다. 중력이 붕괴되는 과정을 생각해 볼 때 강한 중력에 의해 공간은 극도로 휘게 되며, 시간 역시 천천히 흐르게 된다. 시간지연은 상대론에 의한 것으로 안쪽으로 갈수록 시간의 흐름은 늦어진다. 중력이 커지는 효과는 중력적 적색편이에 관계되어지므로 별의 표면에서 방출되는 빛의 파장은 길어지는 적색 이동이 나타난다. 별의 반지름이 슈바르츠실트의 반지름에 도달하면 빛의 파장은 무한대가 되어, 결국 보이지 않게 된다. 슈바르츠실트의 반경이 경계치이다. 안쪽은 바깥쪽과 매우 다른 양상을 나타낸다.

별이 슈바르츠실트 반지름 보다 작은 크기로 수축되면 이상한 현상이 생긴다. 이 반지름에서는 빛이 회전하면서 빠져 나올 수 없는 경계치이다. 이 경계치의 안쪽으로 수축한 물체라면 내부에서 방출된 빛이 외부로 나올 수 없다. 외부에서의 빛이나 물질은 반지름 내로 들어갈 수 있지만 내부에서라면 빛조차도 빠져 나올 수 없다. 이것을 "사상의 지평면"이라 한다. 사상의 지평면을 경계로 그 안쪽을 블랙홀이라 한다.

사상의 지평면의 안과 밖에서는 시간과 공간의 개념이 바뀐다. 사상의 지평면 밖의 시간은 미래를 향해 달릴 뿐 멈추거나 과거로 향하게 할 수는 없다. 그러나 사상의 지평선 안쪽에서는 모든 것이 특이점을 향해 진행할 뿐, 특이점으로부터 멀어진다는 것은 불가능하다. 시간이 미래를 향해 흐르는 것이 아니다. 특이점으로부터의 거리(공간)가 시간의 역할을 하게 된다. 블랙홀이 회전할 경우 중력은 시간과 공간을 중심으로 강제로 끌어들인다. 모든 것을 회전축의 방향으로도 강제로 끌고 다니게 된다. 회전하는 블랙홀의 주위에는 끌고 다니는 속도가 광속을 능가하는 에르고 구 영역이 나타난다. 에르고 구 영역에서는 블랙홀의 회전과 반대 방향으로 빛을 방출하여도 빛은 그 방향으로 진행할 수가 없다.

시공은 시간 1차원, 공간 3차원의 4 차원적인 존재인데, 여기서는 적도면의 단면을 고려하여 공간의 2차원 변화 모습을 시간의 흐름 에 따라 표시하고 있다.

1976년 스티븐 호킹은 네이처에 블랙홀이 증발한다는 논문을 발표하였다. 증발한 결과는 블랙홀의 소멸이다. 블랙홀의 크기는 질량에 비례하고 가벼울수록 양자효과는 비중이 커진다. 실제로 블랙홀의 질량이 1조Kg인 경우 반지름이 10조분의 1cm 이하이면 양자 효과는 큰 영향으로 나타난다. 스티븐 호킹은 이렇게 작은 블랙홀이 형성되었다고 가정할 때 양자론이 블랙홀에 미치는 영향력을 생각하게 되고 그 결과 블랙홀이 증발한다는 놀라운 사실을 발표하였다. 블랙홀이 증발하게 되면 증발하면서 당연히 에너지를 잃게 된다. 그만큼 질량이 줄어들게 된다. 그리고 이에 반비례하여 온도는 상승하게 되므로 입자는 더욱 많이 나오게 된다, 다라서 블랙홀은 가속적으로 그 질량에너지(mass endrgy)을 잃고 마지막에는 소멸하게 된다. 이것이 증발하는 블랙홀 이론이다.

3. 블랙홀의 특징

물체를 극한까지 압축시키면 태양이나 지구라 할지라도 블랙홀이 된다. 태양이 블랙홀이 되만 반지름 3km가 되며 지구는 반지름 1cm 크기의 블랙홀이 된다. 그러나 이런 경우 블랙홀이 되지 않는다. 대개 별의 질량이 크면 수명이 짧아지며 태양의 수십 배 이상의 질량인 별이 블랙홀이 된다.

별의 중심에서는 핵융합 반응에 의해 엄청난 온도가 된다. 이 온도에 의한 에너지는 상당한 것이다. 이때 방출되는 열에 의하여 별은 팽창하게 된다. 이 팽창력은 별 자체의 중력에 의한 수축력과 균형을 이룬다. 별의 모습이 일정한 것이 이런 까닭이다. 그러나 별이 연료를 다 써버리면 상태가 달라진다. 핵융합에 필요한 원소를 다 써 버리면 중심부의 온도가 낮아지고, 이 상태라면 별의 중력이 우세해 지기 때문에 점차 수축한다. 별의 최후가 되는 것이다.

질량이 태양과 비슷한 별이면 원자와 원자가 빈틈없이 차곡차곡 쌓이는 단계까지 진행하다가 수축이 멈춘다. 이런 상태까지 수축한 별이 "백색왜성"이다. 그러나 질량이 태양의 10배가량인 별인 경우는 폭발한다. 별이 폭발할 때에는 공간으로 많은 양의 에너지를 방출하기 때문에 밝게 빛나는 거대한 별이 된다. 이 별은 갑자기 공간에서 밝게 빛은 발하는 초신성이 된다.

초신성은 "초신성 폭발"에 의해 별 내부의 대부분의 물질이 날아가고 중심에 "중성자별"이 형성된다. 중성자별은 최대로 압축된 별이다. 밀도가 최대를 이룬다. 백색왜성 보다 더욱 밀도가 크기 때문에 원자핵끼리 맞닿을 정도까지 수축하며 별의 구성원이 중성자 자체로 되어버린다. 반지름은 대개 10km까지 수축하게 된다.

그러나 중성자별도 태양 질량의 3배 이상을 지탱하지는 못한다. 질량이 태양의 수십 배 이상인 별이 초신성 폭발을 일으키면, 바깥 부분의 물질이 날아간 수 그 중심에는 태양 질량의 3배 이상인 핵이 남는다. 이것이 블랙홀이 된다. 블랙홀에서는 빛도 빠져 나오지 못하므로 블랙홀 자체를 볼 수는 없다. 거대 질량인 별의 최후는 블랙홀이다.

태양의 미래는 어떨까?

태양을 비롯한 대부분의 경우이지만 별들은 수소의 핵융합으로 에너지를 방출하고 있다. 연료가 떨어진 태양은 자신의 무게를 이기지 못하여 수축해 간다. 별이 점점 크기가 수축하면서 온도가 증가한다. 태양이 아닌 다른 경우라면 별의 최후를 무게에 따라 세 종류로 분류된다.

질량이 태양의 8배 이내인 가벼운 별은, 바깥층의 에너지를 모두 방출한 후에 지구 크기의 백색 왜성이 되고 점차 식어 가면서 별의 최후를 맞는다. 즉 죽어버린다.

질량이 태양의 8배에서 수십 배가 이상이 되는 질량이 큰 별은, 아주 수명이 짧다. 타버리면서 자신의 무게를 견디지 못하고 찌부러지고, 이 별의 중력 붕괴는 중성자로 이루어진 중심핵이 생기면 갑자기 정지되어 폭발해 버린다. 즉 초신성으로 폭발한다. 폭발 후에는 반지름 10km 정도인 초 고밀도의 중성자별로 남게 된다.

또한 질량이 더 큰 경우라면, 중력 붕괴를 일으킨다. 그러나 거대한 질량 때문에 폭발은 일으키지 않고 수축만을 계속한다.

수축할수록 중력이 강해지면서 수축은 가속적으로 진행된다. 그 결과 마침내 블랙홀을 형성하게 된다.

4. 블랙홀의 관측

그렇다면 어떻게 하여 블랙홀을 찾아 낼 것인가? 슈바르츠의 반지름의 가까이 접근하여 보자. 슈바르츠 쉴드 반지름의

3배의 영역이면 어떤가. 이 영역은 '최종 안정궤도'라고 부른다. 이 궤도에서는 물체가 안정된 원 궤도를 그릴 수 있는 최종의 경계구역이 된다. 그러나 이런 궤도에서 조차도 원 궤도를 유지하려면 광속의 0.57735배인 17만3천km로 운동해야 한다. 이러한 최종 안정궤도를 넘어가 보자. 이 안정궤도를 넘어 검은 구멍에 접근 할수록 공간은 휘게 되며, 시간은 자꾸 늦게 가게 된다. 최종 안정 궤도를 넘어섰으니 이제부터는 우주선뿐 아니라 어떤 물체라고 하더라도 검은 구멍으로 빨려 들어 갈 수 없는 영역이 된다.

슈바르츠 쉴드 반지름의 1.5배의 영역에 도착하면 어떤 일이 일어날까? 이곳은 이상한 장소로써 우리는 자신의 등을 볼 수 있을지도 모른다. 우스개소리로 우리의 뒤를 볼 수 있으니 우리의 과거를 볼 수 있는 장소 아닌가.

이렇게 신비한 장소를 '광자 반지름'이라고 부르는데 광자 반지름에서 접선 방향으로 방출된 빛은 영원히 검은 구멍의 주변을 돌게 된다. 따라서 광자 반지름에서는 자기의 뒤통수를 볼 수 있는 진기한 장소가 되는 셈이다.

이러한 곳을 넘어서, 검은 구멍의 가장 밖에 있는 권계면으로 접근을 해 가자.

빛들은 모두 검은 구멍의 회전 방향으로 흘러들어 간다. 마치 바람이 불어서 구멍으로 빨려 들어가는 것처럼 빛들이 흐트러지며 한쪽 방향으로 향하게 된다.

원자들은 우주선에 충돌하여 X-선이 발생도 되며 서로 부딪치고 분해되어 이미 원자의 형태조차 상실한 플라즈마 상태를 이룬다.

이러한 권계면의 안쪽으로 들어가면 검은 구멍을 둘러싼 가상의 경계인 에르고 구권이 나온다.

여기서도 빛은 회전 방향으로 흘려 보내지며 동시에 중력에 의하여 검은 구멍의 중심으로 끌어당겨진다. 이러한 에르고 구권에는 상당히 뜰(장)의 힘이 크지만, 우리의 우주선은 이 영역을 탈출 할 수가 있는 것이다. 만일 마음만 먹으면 에르고 구권의 에너지를 취하여 큰 힘을 얻을 수도 있다.

이것을 펜로즈의 과정이라고도 부른다.

에르고 구권을 진입했을 때, 우주선의 일부분은 검은 구멍의 중심부로 보내고 나머지 부분은 더 큰 에너지를 갖고 탈출하는 것이다. 그러나 검은 구멍의 내부로 여행을 할 때, 또한 바깥쪽에 있는 사상의 지평선에 도달 할 것이다. 사상의 지평선을 경계로 지평선의 안쪽과 바깥쪽은 시공의 구조가 바뀌게 된다. 이제는 어떻게 해서도 다시는 검은 구멍의 외부로 빠져 나간다는 것을 생각할 수 없으니, 그냥 여행을 계속하여야 하는 것이다. 계속 앞으로 안쪽에 있는 사상의 지평선을 향하여 달려 나가자.

사상의 지평선이 바뀔 때 마다 시공이 바뀌는 것을 경험할 수 있다. 여기서는 시공이 두 번 바뀌니 원래 우주에 있던 것과 똑같은 시공 구조를 가진다. 이와 같은 여행을 계속하게 되면 사실 원래의 모습은 몹시 일그러지게 되며 결국에는 검은 구멍의 내부인 특이점에 도달하게 된다.

이때의 모습은 어떤가? 모든 것이 아주 찌그러지고 일그러진 모습으로 검은 구멍의 중심에 아주 천천히 장엄하고 묵직하게 도달하게 된다.

왜냐하면, 이곳에서는 공간이 몹시 일그러지고 따라서 시간 역시 일그러지게 되니 검은 구멍의 특이점 근방을 갈수록 시간이 천천히 흐르고 결국에는 정지해 버리는 장소이기 때문이다.

검은 구멍의 특이점
시간이 정지해 버리는 장소
공간과 시간마저 정의 할 수 없는 신비한 곳
모든 철학과 사상을 초월해 버리는 장소

우리는 이곳에 도달하기 위하여 사상의 지평선을 넘은 것이다. 그리고 그 때마다 시공의 구조가 바뀌는 진기한 일들을 경험한 것이다.

시공의 구조가 바뀌면 중력의 작용도 거꾸로 될지 모르는 일이다. 이러한 공간은 어쩌면 음(-)의 공간이요, 혹은 허수의 공간일지도 모를 일이다. 어쩌면 마이너스의 질량이 가능

표 6. 천체 표면으로부터의 탈출속도

천 체	탈출 속도
지구	약 11 Km/sec
태양	약 620 Km/sec
백색외성	약 6,200 Km/sec
중성자성지구	약 186,000 Km/sec
검은구멍	가능하지 않음

할지도 모를 일이고, 반물질의 판국이 될지도 모를 일이다. 반물질은 혹시 거꾸로 흐르는 시간을 찾아가면 나타나는 세계 그 시간의 대칭에 있을 수 있기 때문이다.

블랙홀의 특징은 질량에 비해 덩치가 작다는 것이다. 이런 천체를 찾으려면 X선 천체를 찾으면 될 것이다. 블랙홀에서 엑스선이 방출되기 때문이다.

태양과 같은 항성은 중심에 별의 질량이 집중되어 있다. 그러나 이런 별 보다는 대부분의 별이 쌍둥이 별이다. 어떤 것은 세 쌍둥이도 있다. 이런 별들을 연성이라고도 한다. 밤하늘의 별 중 절반이 두 쌍둥이 별로 "연성"이다. 블랙홀이나 중성자별처럼 작은 크기의 별과 그렇지 않은 별이 짝을 이룬 경우도 있다. 그런데 블랙홀과 연성의 경우라면 보통의 별에서 블랙홀로 물질이 흘러 들어가게 된다.

이 물질은 수축된 천체를 중심으로 하여 소용돌이치는 가스원반을 이룬다. 이것을 강착원반이라고도 한다. "애크리션 디스크"라고도 불리는 이 강착원반은 블랙홀로 빨려 들어가는 과정에 생기는 원반으로 블랙홀은 연성계의 상대별에서 나오는 가스뿐만 아니라, 은하의 중심핵 뒤에서 붕괴된 별에서 나오는 가스도 끌어들이게 된다. 가스는 블랙홀로 떨어지는데 하강하면서 가스 원반을 형성한다. 원반은 빠르게 회전하면서 점차 아래를 향해 낙하해 간다. 이 가스는 원반 사이의 가스와 마찰을 일으킨다. 이러한 마찰의 결과 에너지가 방출된다. 그것이 엑스선이다. 이 원반의 반지름은 1백만 km나 된다. 블랙홀 근처에서는 가스 원반이 오젓모양으로 부풀어 오른다. 때문에 다른 부분보다 이 부푼 부분의 두께가 두껍고 온도도 가장 높다. 1천만℃에서 10억℃로 가열되어 있어 강한 X선을 방출하고 있다. 원반의 중심 부근에는 고 속도로 회전하는 가스에 의해 '제트 기류'가 형성되기도 한다. 강착원반에 대한 연구가 활발하다. 이에 대한 모의실험이 컴퓨터상에서 이루어지고 있다.

보이지는 않지만 강착원반의 중심에 검은 구멍이 있어서 질량을 삼키고 있음을 추측 할 수 있을 것이다. 이러한 중성자성이나 블랙홀에 의한 강착원반의 온도가 1000만℃나 되며 이러한 조건 때문에 X선이 방출된다. 밝은 X선 연성 중 블랙홀과 중성자별을 구별하려면 어떻게 하면 될 것인가? X선을 방출하고 있는 천체의 질량을 구하면 된다. 천체의 질량이 태양 질량의 3배 이상이라면 블랙홀로 볼 수 있다. 질량이 태양의 3배 이상이고 거의 블랙홀일 것으로 인정되고 있는 X선 연성은 "백조자리 X-1"을 비롯하여 이제까지 넷이 알려져 있다.

5. 블랙홀은 화이트 홀과 웜 홀의 존재를 예견한다

블랙홀은 물질을 잡아당기고 먹어버린다. 내놓지를 않는다. 그렇지만 그와 반대의 특성을 생각할 수 있다. 이것을 화이트 홀이라고 한다. 물론 이에 대해 예견 할 수 없고 이에 대한 개념을 정립하기 힘들지만 일반상대성 이론에 의하면 가능하다.

화이트 홀은 블랙홀과 반대이니 그 안으로 들어갈 수 없다. 그렇다면 나올 수는 있는 것인가. 그럴 것이다. 품어 나오는 것이 전문인 계가 있으니 그것을 '화이트 홀'이라고 한다. 화이트 홀이 어떻게 형성되는가 하는 것은 전혀 알려져 있지 않다.

블랙홀의 명명자 휠러는, 블랙홀과 화이트 홀 사상의 지평면 내부를 잘라 내고 그 나머지를 연결하면 어떻게 되는가를 생각했다.

이렇게 하면, 블랙홀에 흡입된 물질은 화이트 홀에서 방출된다. 이때 블랙홀에서 흡수되는 세계와 화이트홀에서 방출구가 있는 세계는 전혀 다른 세계이다. 두 세계를 연결하는 통로를 휠러는 웜 홀이라고 명명하였다.

최근에는 우주의 탄생을 기술하는 대통일 이론과 일반 상대성 이론을 연결함으로써 어미 우주에서 딸 우주로 딸 우주에서 손자 우주가 탄생된다는 다중 우주의 개념이 도입되고 있다. 이러한 계층 우주가 있다면 이들 우주의 통로가 있어야 하지 않을까. 이들을 연결시키고 빠져나갈 통로로서 웜 홀이 자연적으로 형성된다는 것이 생각할 수 있다.

6. 털이 세 개인 블랙홀

블랙홀은 세 가지 물리량 밖에 없는 단순한 천체이다.

블랙홀은 태양의 20-30배 이상의 질량을 가진 별의 잔해에서 탄생하게 되는 블랙홀 진화의 최종 단계를 맞이한 질량이 큰 별은 초신성 폭발을 일으킨다. 그 때 별의 중심부는 순간적으로 안쪽을 향해 수축하며, 자신의 중력에 의해 한 점으로 오므라든다.

밀도가 무한한 이점을 특이점이라고 부른다. 이점의 밀도는 무한대이다. 특이점 주변은 공간이 상당히 휘어져있다. 중력도 크고 시간도 천천히 흐른다. 특이점 주위의 영역에는 막대한 중력 때문에 극히 단순한 천체이다.

특이점을 제외하면 지평면 내에는 아무 것도 존재하지 않는다.

그렇기 때문에 어떤 블랙홀을 다른 블랙홀과 구별할 수 있는 성질은 질량, 각 운동량 그리고 전하뿐이다.

1972년 당시 일본 사람인 사토와 도마스는 검은 구멍에 대하여 자전 이외에도 축대칭으로 변형되어 있는 경우를 설명하였다. 또 노헤어(nd hair) 정리에 의하면 검은 구멍에는 3개의 털이 있다고 하는 것이다. 세 개의 털, 이들은 각기 질량, 자전, 전하라고 하는 물리량을 말하는 것인데 검은 구멍은 이 이외의 다른 물리량은 가져서는 안 된다는 것이다. 다시 말하자면 검은 구멍에는 털이 3개뿐이 없다는 것이다. 검은 구멍이 자전을 한다? 전하를 가진다? 점점 복잡해지니 잠시

정리를 해보자.

먼저 정지한 검은 구멍을 보자.

정지 검은 구멍은 그 가운데에 특이점을 가지게 되며 그것을 둘러싸는 사상의 지평면을 가지게 된다. 이러한 사상의 지평면은 검은 구멍의 질량에 비례하여 커지게 된다.

대전된 검은 구멍은 어떤 것인가? 검은 구멍이 전하를 가지게 되면 바깥쪽에 있는 사상의 지평면 내에 또 하나의 사상의 지평면이 있게 되는 것이다. 그래서 질량과 전하의 두 가지 특성을 가지게 되는 것이다.

회전하는 검은 구멍은 어떠한가? 회전하는 경우에는 질량 이외에 스핀이라고 하는 또 하나의 특성을 가지게 되니. 이러한 스핀이 검은 구멍이 가질 수 있는 세 번째의 특성이다. 스핀을 검은 구멍이 가질 경우에는 이미 말한 두 개인 사상의 지평면 안에 있는 적도면 위에 또 다른 도나스 모양의 특이점을 가지게 되는 것이다. 검은 구멍의 구조는 대략 이런 것이다. 그러면 우리는 검은 구멍의 안으로 진입해 보자. 그러나 지금 우리가 여행하게 될 검은 구멍은 우주 공간을 점유하고 있는 일반적인 거대한 검은 구멍이다.

이와 같은 검은 구멍의 지평선 안쪽은 어떠한 세계인지 미지의 세계로의 여행을 떠나자는 것이다. 지평선을 몇 개인가 넘어가다 보면 특이점이 나올 것이고 이러한 특이점까지 달려갈 것이다. 검은 구멍의 가운데에 있는 특이점, 이것은 많은 물질들이 한점에 수축하여 생긴 것이다. 그렇지만 검은 구멍의 내부에는 물질이 존재하지 않는다.

내부에 아무런 물질이 존재하지 않는다고 하더라도 우리는 검은 구멍의 내부구조를 생각할 수 있다. 이러한 시공의 구조는 중심부에 부딛히는 것이라고는 아무 것도 없으므로 끝없이 앞으로 나아갈 수 있는 것이다. 그러면 이제부터 마음을 굳게 먹고 검은 구멍의 내부로 돌진해 가는 것이다.

7. 블랙홀은 계속 자라다 결국 사라진다

블랙홀은 가스나 빛을 빨아들이면서 커진다. 물질을 삼켜 블랙홀의 질량이 2배가 되면 블랙홀의 반지름은 2배, 그 표면적은 4배가 된다. 블랙홀의 이러한 성질을 연구한 스티븐 호킹은 알 수 없는 무서운 결론에 도달하였다.

즉 "블랙홀은 작아질 수가 없다"는 것이며, 블랙홀은 우주 안에서 계속 성장해 나갈 수밖에 없는 운명을 짊어지고 있다는 것이다.

스티븐 호킹은 더 나아가 다음과 같은 것을 증명하였다.

즉 블랙홀 안에서는 물질이 가지고 있는 갖가지 성질은 대부분 상실되어 결국 질량과 각운동량과 전하의 세 가지만이 남게 되며, 블랙홀은 이러한 모든 것을 삼켜 버리게 된다는 것이다. 다시 말하면 이것은 블랙홀의 엔트로피가 증대한다는 의미로서 블랙홀의 엔트로피와 그 표면적은 항상 증대한다는 것이다.

두 블랙홀이 정면으로 충돌하는 경우, 블랙홀의 표면적은 대규모로 증대한다. 정면충돌 시에는 블랙홀의 정지 에너지의 약 1000분의 1이 중력파로서 방출되는 것으로 생각되고 있다.

그러나 이 이론은 스티븐 호킹 자신에 의해 다시 수정되었다.

양자론 적인 입장에서 보면 진공은 아무 것도 없는 빈 상태가 아니며, 입자와 반입자가 쌍으로 생성하였다가 소멸하는 "들끓는" 상태다. 이들 입자와 반입자의 쌍은 매우 짧은 시간 내에 소멸하여 관측되지 않으므로 "가상 입자"라고 한다.

블랙홀 주위의 상상을 초월할 만큼 중력이 강한 곳에서 입자가 생성되면, 한쪽의 입자가 블랙홀 안으로 흡수되는 일이 있다. 그렇게 되면 나머지 입자는 소멸되어야 할 상대가 없게 되어 밖으로 날아가게 된다. 이것을 멀리서 보면 블랙홀이 양 에너지의 입자를 방출하여 결국 질량을 잃는 것처럼 보인다. 즉 차츰 증발하는 것처럼 보인다는 것이다.

스티븐 호킹의 이 효과는 별이 붕괴하여 생기는 반지름 수 km의 블랙홀에서는 무시된다. 그러나 우주 초기에 만들어진 미니 블랙홀은 이 운명을 회피할 수가 없다. 미니 블랙홀은 막대한 에너지를 방출하면서 결국 사라진다.

블랙홀을 우리 우주와 떼어 놓는 사상의 지평면 그곳은 빛마저 탈출할 수 없는 경계이다. 지평면 위의 한 점에서 출발한 빛은 지평면에 수직 방향의 빛을 제외하고는 모두 특이점에 흡수된다.

수직 방향의 빛은 흡수를 면하게 되지만, 지평면 밖으로도 안으로도 가지 못하고 영원히 면 위에 달라붙게 된다. 광원이 조금이라도 지평면 안으로 들어가면 모든 빛은 특이점만을 향할 수밖에 없다.

사상의 지평면 주위에서는 중력이 지나치게 강하기 때문에 시간의 흐름도 극히 묘해진다. 블랙홀에 빨려 들어가는 입자를 멀리서 보면 사상의 지평면 앞에서 움직임이 차츰 느려지고 마침내 얼어붙은 것처럼 정지하고 만다. 입자는 영원히 사상의 지평면을 가로지르지 못하는 것처럼 보인다. 그러나 입자와 나란히 운동하면서 관측한다면 입자는 아무 일없이 지평면을 가로질러 간다는 사실을 깨닫게 될 것이다.

막대한 중력의 영향으로 먼 곳의 시간과 지평면 부근의 시간은 서로 다르다. 입자가 지평면을 횡단하는 순간, 먼 우주에서는 무한한 시간이 흐른다.

특이점 그곳은 시간과 공간이 끊어지는 점이다. 사상의 지평면 안은 우리의 상상을 초월하는 세계이다. 지평면 안에서는 시간과 공간 안에서 자유로이 이동할 수 있다.

시간은 미래를 향하여 흐를 뿐이고 멈추지는 않는다. 그러나 사상의 지평면 안에서는 공간을 자유로이 이동할 수도 없고 한 점에 머물 수도 없다. 모든 것은 중심의 특이점으로 빨려 들어갈 뿐이다.

즉 사상의 지평면 안에서는 미래는 곧 특이점 방향으로만 향하고 있다. 그러나 이러한 지평면 내의 놀랄 만한 성질도 블랙홀의 중심에 있는 특이점의 성질에 비하면 아무 것도 아니다.

특이점은 블랙홀에 빨려 들어간 모든 물질이 도달하는 밀도가 무한대인 한 점이다. 그 곳에 도착하면 물질은 이 세계에서 홀연히 그 모습을 감춰 버리고 만다. 특이점은 이제까지 존재하고 있던 것에의 낙인을 찍고 마는 것이다.

특이점은 물리법칙이 깨지는 곳이기도 하다.

우리는 특이점에 도달한 물질이 어떻게 되느냐 하는 식의 질문조차 할 수가 없다. 그것은 특이점에서는 시간과 공간이 끊어져 있기 때문이다. 블랙홀의 특이점, 그 곳은 모든 정보가 끊어진 점이며 시간과 공간의 가장자리이다. 위와 같은 이론이 상대성 이론에 의해 예언되고 급기야 발견하기에 이른다.

정윤근

중앙대학교 자연대 물리학과 이학박사
현재 전남대학교 공학대학 건설 · 환경공학부 교수

저서 : 시간의 화살
과학의 원리
일반물리학
공업수학
기본물리학

우주의 이해

인쇄 | 2007년 11월 5일
발행 | 2007년 11월 10일

저자 | 정윤근
발행 | 강정채
발행처 | 전남대학교출판부

등록 | 1981. 5. 21. 제53호
주소 | 500-757 광주광역시 북구 용봉동 300
전화 | (062) 530-0571~3
팩스 | (062) 530-0579
홈페이지 | http://altair.chonnam.ac.kr/~cnup

값 10,000원

ISBN 978-89-7598-634-5 (03440)

이 도서의 국립중앙도서관 출판시도서목록(CIP)은 e-CIP홈페이지
(http://www.nl.go.kr/cip.php)에서 이용하실 수 있습니다.
(CIP제어번호: CIP2007003407)